COCINA CON
JOAN ROCA
A BAJA TEMPERATURA

西班牙廚神
璜‧洛卡的低溫烹調聖經

全球最佳餐廳的低溫烹調、舒肥料理技法全公開
Cocina Con Joan Roca A Baja Temperatura

璜‧洛卡 Joan Roca　著

鍾慧潔 譯　陳小雀 審訂

La Vie

專業好評推薦（依姓氏筆畫排列）

「低溫烹調」的核心──溫度及食材的變化

真空的發明，改變了儲存食物的方式。當然，也改變了烹調食物的方式。使得它成為現代的一種烹調技法。

在 Taïrroir 態芮餐廳，我幾乎不使用真空烹調來料理餐廳的肉類與海鮮，它雖能幫你快速地醃漬好所有的醬菜並入味，但以真空烹調後的食物質地非最理想，故我僅將它視為一種手段，而不是烹飪的最後步驟。

在傳統的烹調上要得同時拿捏火候與加熱時間，因傳統爐灶設備無法精確控溫。拜現代科技之賜，恆溫的熱水槽或可控溫的蒸箱大概是最理想不過的烹煮設備了。因為水的比熱大，水份佔了食材重量的 50% 以上，為了避免食材中的風味物質流失，得將食物密封在防水的容器裡，若這個隔絕材料能緊貼於食材，受熱就能更均勻，能抽真空的塑料袋便成為最佳選擇之一，當然玻璃的密封罐也是一個很好的選擇。因此談到 sous vide 這種烹調手法，真空僅是一種媒介、方式，而非料理的重點。是溫度與食材的質地、特性，左右了烹飪時間的長短。

《低溫烹調聖經》這本書，不只介紹如何用一個調理袋，以熱水浴或蒸氣來料理食物，而是更詳細地介紹，食材與其質地在溫度下的變化，以及不用真空烹調、也能直接烹煮的「低溫烹調」做法。

「低溫烹調」是一門當代的烹飪顯學技法，而做為一名專業廚師，都應該試著瞭解它，並加以應用在你的料理上。

—— Taïrroir 態芮主廚　何順凱

開平餐飲學校在 2013 年，有個一個月西班牙 Girona 廚藝見學團，深入了解西班牙飲食文化，期間有幸到「西班牙廚神」璜·洛卡「全球最佳餐廳」品味，親炙大師風采，見識到「低溫烹調」威力，回國後亦在學校推出「西班牙經典套餐」，風味絕倫，令人驚豔。

今欣聞大師新書《低溫烹調聖經》出世，低溫烹調、舒肥料理技法全公開，匯集了全球最佳餐廳「El Celler de Can Roca」料理團隊這十多年來料理的精髓技法與數據，樂為推薦。

——開平餐飲學校校長　馬嘉延

同為低溫料理的實踐者，能夠參予這場書中饗宴，感到十分榮幸，非常推薦本書給無論是相關從業人員或是料理的熱愛者們。

料理是種堅持，不斷學習新的技術是每位料理者所追求的目標，而低溫料理其實一直都存在你我的周圍。溫度與時間的交集，掌控著每個食材的命運，運用得宜，即能呈現給世人驚艷的美味佳餚。

透過《低溫烹調聖經》書中簡明扼要的介紹與清晰的圖片與步驟解說，讓星級料理不再那麼遙不可及，一步一步帶領著讀者慢慢進入西班牙三星主廚璜·洛卡（Joan Roca）的低溫料理世界！

—— A.C. 舒肥。料理實驗室社長　熊爸
www.facebook.com/groups/ac.sousvidelab/

獻給哈維（Xavi）

你是人生的嚮導，感受的傳遞者，
情感的廚師，也是所有人的摯友。

羅酷（ROCOOK）

我們的低溫烹調計畫

多年來在「康羅卡酒窖（El Celler de Can Roca）」餐廳裡，一直都是使用「低溫烹調」。當我們開始鑽研低溫烹調的技術時，心中浮現了一個願望：用簡單實用的方法，將這些知識與經驗傳授至每個家庭的廚房，並把我們在低溫烹調世界中，所發現的所有優點分享給大家。

為了激發創意以及傳承知識，我們成立了「拉瑪西亞中心（La Masia）」。在它開幕的同時，我們決定這也是將低溫烹調的理念及技術傳遞給所有家庭的時刻。很幸運的，卡達（Cata）家電與樂葵（Lékué）餐廚和我們有同樣的理念，每個人都貢獻了一己之力，經過一些想法與提案的實驗，直到成型。這個低溫烹調推廣計畫被命名為「羅酷（ROCOOK）」。

羅酷計畫包含了不同的元素，第一個就是這本書——用簡單而有系統性的方式說明低溫烹調，以及如何在家用廚房中實踐低溫烹調的優點。感謝行星出版社（Planeta），讓此書得以出版。

當然，要實現羅酷計畫並且真正地被運用於生活當中，硬體設備也是不可或缺的：低溫烹調的用具大多是供專業廚房使用，且價格通常高不可攀，要有適當的設備，才能讓低溫烹調，成為一般家庭也能使用的烹調方式。因此，我們與卡達家電合作設計了一台操作簡單的多功能溫控電磁爐（此設備與「羅酷」計畫同名）。同時，專門設計創意廚具的樂葵餐廚也提供了所有可能需要的廚房用品，使烹調過程輕鬆愜意。

羅酷計畫中知識傳播的媒介與硬體設備都齊全了，但仍缺少一樣元素，一個可以幫助我們保持計畫活躍並與時俱進的連

我們不斷尋找一個簡單實用的方法，將我們的知識與經驗傳授至每個家庭的廚房。

結。於是「www.rocook.com」誕生了，你能在此找到與本書相關的補充資訊、新的食譜、影片以及實用祕訣，獲得更多和低溫烹調相關的知識與經驗分享。

最後，特別感謝艾莉西亞基金會（Fundació Alícia）的貢獻，讓羅酷計畫得以在科學的基礎上，結合「健康」以及「永續發展」兩大特色，這不但是我們想更加深入研究及努力的方向，也將會是未來廚房烹飪的趨勢所在。

ROCOOK

BY EL CELLER DE CAN ROCA

www.rocook.com

1

烹調大冒險

「康羅卡酒窖（El Celler de Can Roca）」餐廳成立之初，即擁有一個特立獨行的靈魂，也許是因為年輕人的衝勁，也許是因為我們愛做夢、初生之犢不畏虎，或以上皆是。這個冒險故事的起源是在一九八六年，我們決定康羅卡酒窖必須成為一個可以自由發揮創意的美食餐廳，既依循著廚藝的傳統，但同時沒有束縛並勇於挑戰極限，讓我們可以充滿活力地用所有的感官不斷探索與實驗，刺激我們隨著時間進步，幫助我們保持創意靈感，希望一天比一天更好。我認為在三十年後的今天，我們依然保有當時的衝勁，對凡事充滿好奇，努力求證，也仍不斷地旅行及發掘新的事物。

這本書就是從那個對凡事都充滿好奇，從不將任何事視為理所當然的時代開始孕育的。更確切地説，我記得當我在吉羅納飯店暨旅遊學院（Hostelería de Girona）授課時，真空低溫烹調的先鋒喬治・普拉魯斯（George Pralus）曾經來拜訪我們——與我們分享他的第一手經驗。對於學習、嘗試，以及驗證新的烹調技巧、器具與烹調點子的興趣，讓我們想要更深入研究這個新的技術。真空低溫烹調似乎可以幫助我們達到更精準、品質更一致的烹調成果。例如：如何能夠使巴斯克友人的「PilPil 醬汁香蒜鱈魚（Balacao al pil-pil）」的口感更一致？為什麼我們在烹調奶奶的美味西班牙蔬菜醬汁（Samfaina）鱈魚時，卻不如鄰居煮出來的那般甜蜜又富有膠質？這些問題應該要得到解答，於是我決定把溫度計放進正在烹調 PilPil 醬汁香蒜鱈魚的鍋子裡。

重點來了，接著我將鱈魚放進調理袋中。成果如何？我們終於讓奶奶的鱈魚成為一道用湯匙即可食用的料理。我們鼓起勇氣將真空烹調的鱈魚加上伊迪亞薩巴爾起司（Quesoldiazábal）、葡萄乾以及松果，拿給一九九八年聖塞巴斯提安料理學會（CongresoGastronómico de San Sebastián de 1998）的同事們品嚐。這個舉動非常大膽，因為在那個時代，真空料理常被聯想成工業的一部分，人們對「使用袋子烹調」這件事充滿疑問，真空烹調可説是被蒙上一層神祕的面紗——即使我們相信這是一個能夠發起新料

我們對凡事充滿好奇，努力求證，也仍不斷地旅行及發掘新的事物。

理革命的烹調方式。很幸運的，大家都非常喜歡這道料理，也對真空烹調感到好奇。於是我們確認了這個思考方向是正確的。當時我們正處在一個美食界決定性的時刻，那是鬥牛犬（El Bulli）餐廳的分子料理年代，也是名廚米修・布拉斯（Michel Bras）主張當地食材料理的年代，而在這創意的漩渦裡，還有我們。我們提出「真空烹調」，認為它是未來的技術，它能幫助人們更自由地在烹調中發揮創意並掌握更高的精準度。

時至今日，我們可以滿足地說，是那份勇於突破，讓康羅卡酒窖餐廳依舊位於引領潮流的位置。不可否認的，我們確實在美食革命中佔有一席之地。

在研究低溫烹調的過程中，發展出一部專業機器是必須的，幫助我們更輕鬆地掌握溫度的控制。卡聶爾客棧（Fonda Caner）餐廳的主廚納爾西斯・卡聶爾（Narcís Caner）與我們合作設計了「羅聶爾（Roner）」：一部恆溫水槽，並藉由這個設備開啟了一項革新——直接加熱的新方式。我們使用比平常低的溫度加熱，發現這樣可以帶來新的口感及全新的味覺體驗，這些發現都收錄在二〇〇三年與布魯格斯（Salvador Brugués）合作的第一本烹飪書中。布魯格斯是我們在餐旅學校念書時認識的朋友，到目前為止，他也在康羅卡酒窖餐廳創意發想的部分，扮演了最重要的角色。因為他，我們才能夠完成這本書。

本書的誕生，是數不清的創新實驗的集合，加上讀者對前一本書《西班牙廚神 璜・洛卡的烹飪技藝大全》（*Cocina con Joan Roca.TécnicasBásicas para cocinaren casa*）熱烈反應的結果。在前書中，我們已經大略介紹過真空烹調，並提到了低溫烹調的好處。所以非常高興看到讀者、朋友及顧客願意更深入了解。我們也發現只有一本書是不夠的，必需提供一個有效又簡單的方法，讓一般家庭也能擁有低溫烹調所需的器具。於是就像「羅聶爾恆溫水槽」一樣，我們設計了家用的「羅酷」，一部可以偵測並精準調節溫度的電磁爐，以及其他讓烹飪更輕鬆的用具。

真空烹調能為料理開啟一條更自由更精準的道路。

有責任意識的烹調

除了科技的發展以及開發創新廚藝，康羅卡酒窖餐廳也秉持對社會、文化及環境的使命感。身為專業的餐飲業者，這個社會關注著我們的一舉一動。只要看看現在有多少的電視節目、網站、部落格及美食評論家，就可以知道社會大眾對美食烹調很感興趣。在這樣的背景之下，我們有責任樹立一個榜樣。不僅是以「享受」的角度出發，同時也從健康和環境的觀點來改善、提升人們的美食體驗。

在本書中所提及的烹調方式，都蘊含著對於食物的敬意。除了保存食物的營養價值，食物本身的品質也至關重要，我們必須了解食物履歷：它的種植環境、是如何被培育的以及種植者的條件。我們肯定，也期許未來的烹調都可以朝永續經營及環保的方向發展，康羅卡酒窖餐廳將竭盡所能來達到這個目標。

我們將談到很多有關烹調的味道、口感、尊重、手法及變化。

透過料理溝通

本書會說明所有我們在康羅卡酒窖餐廳學到的東西，也會提到在家烹調的過程，目的是藉由不同的烹調過程，讓大家更加了解食材的特性。在嶄新的烹調技巧之外，也會結合傳統的烹調方式，低溫烹調其實在數千年前就已存在，只是拜新的科技發展所賜，如今在低溫烹調的過程中，我們能夠精準地控制溫度。

烹調的意義是享受美食帶來的各種好處：散播歡樂、促進健康、情感交流、述說故事、傳承知識、價值觀與聯繫親情等。透過烹調我們可以與世界文化相互交流，挑戰我們的感官，自由發揮想像力並且與我們的土地有更多的連結，能夠表達感謝並投入時間給我們所愛的人。這才是最重要的。

最後，我鼓勵各位去開發一些新的技巧，也許也需要改變一些習慣，但是毫無疑問的，這些改變會讓你在廚藝上有所進步。此書將談到很多有關烹調的味道、口感、尊重、手法及變化等等。希望你有場愉快的冒險。

瓊・洛卡

2

美味與健康兼具的烹調關鍵

進入低溫烹調的世界就像重新適應一個新的生活型態，不是因為這個技巧有難度，它並不複雜，也不太費工。它只是有些不同。

低溫烹調需要你培養一些新的習慣，包括有計畫性地進行料理，注意時間，以及最重要的：溫度！還有其他的基本要求，例如食材的品質與烹調的精確度。

不論是哪一種烹調方式，預先規劃都是必須的，而低溫烹調所需要的「時間」比傳統的烹調方式要來的長，而且需要非常精準地控制，因此我們更需要準備好工作的節奏，以及每個步驟所需要的元素。但這不表示你得寸步不離廚房，我們可以設定讓器材幾乎是在自動的狀態下製作料理。不只如此，還能提前預煮，讓餐點在當天需要的時間點準時完成。

但如同先前所提，另一個必須注意的重點就是「食物的品質」。因為低溫烹調高度重視食物本身的特色及味道，若是新鮮度及品質不佳，料理也不會有好的成果。

在溫度方面，所使用的加熱溫度不會超過 100°C。相對而言，烹煮食材使用的溫度若是較低，烹調時間就會隨之延長──這就是低溫烹調法的核心：時間與溫度的控制，為了達到「精準」，溫度計與計時器是幫助我們掌控精準度的最重要的兩項工具。

如果科學與科技正在全面性地改變我們的社會，在廚房中的日常生活怎能不受到影響？有關營養的科學知識、新的科技及料理方式提供了我們很多資訊，並且在烹煮食物方面發現更多可能性。在餐飲業的領域中，我們在九〇年代末期與二十一世紀初開始實驗革命性的低溫烹調，時至今日，大多數的餐廳都在使用這項技術。也因工業發展出更多容易使用又價格實惠的低溫烹調廚具，越來越多家庭也開始實行低溫烹調。

歷史悠久的烹調方式

雖然低溫烹調看起來是現代科技的相關產物，但早在幾千年前的文明就已出現。據信，至少在史前的陶器時代以及部分的馬雅、印加部落就曾使用地下烤爐或黏土和低於 90℃ 的溫度來烹煮食物。猶太人因為安息日不能烹煮食物，也發展出使用低溫加熱讓食物慢慢煮熟並保溫的方式。事實上，因受到猶太人的啟發，艾爾文・納克森（Irving Naxon）在二十世紀三〇年代設計了第一個陶瓷電鍋，這種電鍋又被稱為「慢煮鍋」，直到七〇年代才開始在歐洲國家大流行，成為家家戶戶不可缺少的烹具。於此同時，法國主廚普拉魯斯（Georges Pralus）也開始研究用於美食的低溫真空烹調技術。（當時的低溫真空技巧，都被運用在食品工業的保鮮上。）

因此，我們並非開發了全新的東西，只是找到一個長年以來不斷進化的烹調技巧。而現今，我們不但擁有能夠精準控制每項食材的烹調成果的能力，還能複製重現每一次的成功經驗。

這是一個能保留住最多食材本身的養分以及自然的原味的烹調技巧。

對食材懷抱敬意的烹調技巧

本章開頭曾提到低溫烹調與生活型態的關聯，因為我們不只是要烹調出一道道能夠滿足各種感官的佳餚，也承諾要使人們透過這樣的烹調方式攝取更多的營養。現在有了適當的器具，能夠透過低溫烹調，更尊重並善用每項食材的營養價值至最大值——將食材由「生」烹煮至「熟」的過程中，使用很緩慢的烹調與較低的溫度，保留住最多食材本身的養分以及自然的原味。來看看對於「低溫烹調」我們到底了解多少吧！

你了解低溫烹調嗎？

當我們談到低溫烹調時，簡單說，即是用比較低的溫度來烹調食物。而較低的溫度指的是 50℃ ～ 100℃ 之間的溫度。

透過本書的說明以及食譜內容，你們會了解如何在這樣的溫度範圍內烹煮食物。料理食物最主要的四種方式：乾式加熱——大多使用烤箱；溼式加熱——將食材浸泡在某種液體中，例如油、湯汁、醃料或是醬汁；蒸煮；將食材以調理袋包裝（真空和非真空）後再烹調。

而最重要的，也是低溫烹調最有趣的部分——必須非常精確地控制烹調時所需要的溫度。

為什麼精準地掌控溫度烹調是有趣的？基本上，只要我們能夠準確控制某項食材最恰當的烹煮溫度，料理時便能讓食材從內到外皆達到最適宜的熟度：既不會過熟，又可以保持食材的多汁以及原有的營養。

控制料理食材的溫度是低溫烹調最重要的基礎。

重點提醒：要讓食材達到最佳的烹調成果，我們在食材外部加熱的溫度要盡可能接近食材內部應該達到的溫度。

但要如何確保食材已經達到最佳的烹調狀態？就是找到可以抵達食材中心的最佳溫度。為了更接近食材中心的最佳溫度，須讓食材外部的加熱溫度，與我們想要達到的內部溫度盡可能相同。

食材種類以及料理溫度

不同的食材，所需的烹調溫度也會有所不同。可想而知，魚類、肉類、蔬菜以及豆類所需要的料理溫度當然不同。此外，也必須考慮到我們使用的烹調方式：乾式、溼式、蒸煮、或是使用調理袋。因為熱能在液體中的傳導性比在空氣中好，如果我們將食材浸泡在液體中，或是放進調理袋後浸泡在水中加熱，則需要以比使用烤箱烹調時更低的溫度來進行料理。同時也需考量到其他的因素，譬如食材的大小：是一小片或一大片；食材的種類：料理一片無骨牛排或帶骨牛排是不同的；食材被分切時的溫度：冷凍的食材與新鮮的食材的分別等等。現在先讓我們來看看如果用「溼式加熱」，以下的各類食材所需要的烹調溫度範圍。

魚類

總體來説，大多數魚類因為肉質較為軟嫩，都會以比較低的溫度烹煮。因此，魚類加熱的溫度是最需要精準控制的。只要區區幾度的溫差或是幾分鐘的時間，都有可能使魚肉過熟。通常烹調魚肉的溫度範圍控制在 50°C ～ 60°C 之間。

烹調溫度範圍 *	50°C	55°C	60°C	65°C	70°C	75°C	80°C	85°C	90°C	95°C	100°C
魚類	▓	▓	▓								
軟嫩肉類	▓	▓									
硬韌肉類				▓	▓	▓	▓				
蛋類			▓	▓	▓						
蔬菜類								▓	▓	▓	
水果類								▓	▓	▓	
豆類及穀類									▓	▓	
海鮮類			▓	▓	▓	▓	▓	▓	▓	▓	▓

* 溫度數值是以溼式加熱為基準。

肉類

肉類的烹調溫度範圍比較大。視使用的肉類而定，烹調溫度範圍在 50°C ～ 80°C 之間。較軟嫩的肉類烹調溫度在 50°C ～ 65°C，其他肉質較硬的部位則是 65°C ～ 80°C，同時也需要調整延長加熱的時間。

蔬菜及水果

蔬菜的部分，烹調溫度至少要到 85°C 才能使其纖維軟化。至於水果類，如果要烹煮的話，也需要加熱到至少 85°C，甚至到 100°C 才能軟化水果的纖維。

不同的食材，所需的烹調溫度也會有所不同。

豆類及穀類

豆類及穀類的烹調溫度差不多，依照傳統烹煮方式，都會將溫度控制在 90°C ～ 100°C 間。

海鮮類

海鮮類的食材種類非常多，在本書中分成頭足類、甲殼類及軟體類三種。而烹調的溫度則從 55°C ～ 100°C 不等。

蛋類

依照我們想要呈現的料理狀態，蛋黃是生的或熟的，蛋白是定型或是還流動等等，烹調的溫度在 60°C ～ 75°C 之間。在第三章中（請看 44 頁）將會細談時間與溫度的變化，對於烹煮蛋類料理時所呈現的影響。

在每個類別的溫度範圍內，我們將讓食材維持在理想的溫度以保存其風味與本身的特色。因為烹調溫度與食材中心溫度是非常接近或是相同的，即使烹調的時間超過了建議時間，食材也不會像傳統烹調的方式那樣快速地過熟。低溫烹調的其中一個特色就是在烹調過程中，不需要像傳統烹調那樣經常或快速地調整溫度。

當你使用低溫烹調時，你會發現食物在氣味、顏色、口感與味道，甚至重量都會跟高溫烹調出來的不一樣。例如，使用低溫真空烹調的肉塊，會流失 10% 左右的水分，而傳統烹調方式則會流失近 30% 的水分。另外，低溫烹調的料理口感通常會比較一致且軟嫩，而高溫烹調的料理味道則會比較強烈，色澤較深，口感也比較酥脆。因此，低溫與高溫烹調兩種技巧常常被綜合使用在同一道料理中，以擷取彼此的優點。

低溫烹調的料理口感通常比較一致。

從照片中我們可以看出低溫烹調（左）與傳統烹調（右）的不同。

真空烹調的鱈魚丁。

低溫烹調的好處

烹調的精準度

低溫烹調最大的好處就是透過溫度與時間參數的控制，即能夠掌握烹調的精準度。因為這項技術，我們不必再擔心會過度烹調讓食材口感變老，走味或破壞其本身的營養。而且在烹調時有具體的時間及溫度數值可以參考，也能確保烹調的結果及一致性，每次都能端出成功的料理。

食材不會氧化

這是另一個低溫烹調的好處。因為真空烹調可以避免一些食材在準備的過程中發生氧化，例如朝鮮薊，只要真空包裝，就不會因為接觸氧氣而變黑，這個方法也可以解決其他食材因為氧化而口感不佳的情況。

最優質的口感

從美食與感官享受的角度來觀察低溫烹調其實是非常有趣的
——肉類會變得細膩，葉菜類則更多汁，湯汁晶瑩剔透，而
魚肉則幾乎軟嫩的可以只用湯匙食用。會有這樣的改變，主
要是因為我們用了比較低的溫度，將食物本身的汁液鎖住，
使其軟化卻不流失原本的自然風味，就能夠得到比傳統高溫
烹調更醇厚飽滿的口感。

食材的原味與健康的飲食

低溫烹調能夠保留住食材的養分。最好的例子即是真空烹調的蔬菜，因為烹調過程不添加水，可以避免蔬菜的鹽分、礦物質、維他命流失，也不會因為加了水導致味道變淡。因為我們保留了蔬菜本身的鹽分與它的自然風味，所以也可以省略加鹽的步驟。

若想做出一道蔬菜湯，加水一起烹調，因為低溫慢慢加熱的關係，能夠保留住最多的養分，並獲得充滿蔬菜本身礦物鹽和維他命的湯汁。如此一來，味蕾能夠更清楚的分辨出湯汁中各種不同的蔬菜，品嘗到更新鮮的味道，聞到更柔和而多層次的香氣。

重新發現

另外一個低溫烹調的好處即是重新詮釋平常隨手可得的食材，將它們變成餐廳等級的美食佳餚。例如雞翅、鯖魚或是百里香湯品，或是我們從小到大都非常習慣的食譜——例如上圖的羊腿，只要透過低溫烹調詮釋，都可以重新賦予一道料理華麗的新面貌。

刻意的過熟

前面提過低溫烹調的好處之一就是不必擔心過度烹調。但使用低溫烹調刻意造成一些食物過熟也有好處。基本上，一樣是使用低溫做料理，差別在於拉長烹調的時間，直到獲得非常鬆軟的口感。想像如果能用湯匙吃一顆蘋果——它的口感如此軟爛，但是依舊保有蘋果最原始的味道。這就是刻意使水果烹調至過熟時能得到的結果。

因此，「低溫烹調至過熟」的方法也被推薦用於料理食物給有特殊需求的人們。例如有咀嚼困難的人（老年人、有吞嚥困難的人等等）。

精準度

不容置疑的是，低溫烹調是經由多年經驗的專業廚師，所實驗出來的時間與溫度對比參數，不論今天我們要烹調時有無靈感，都可以根據這些參數去複製並成功地完成每道料理。這並不表示在烹調上不再需要專注，因為專注才是進步與成就個人特色的關鍵，但能夠肯定的是，這些時間／溫度的數值給了我們烹調時更多的自信及從容。

健康與令人愉快的飲食

進食最基本的重點就是攝取營養。攝取營養意指使身體的器官得到所需要的養分及能量，以支持我們存活、生長、工作、運動、玩樂，預防疾病以及生病時的自我修復，穩定並健康的邁入成年與老年。

為了所需的營養，人們每天攝取非常多的食物：蔬菜、肉類、魚類、蛋類、穀類、豆類、水果……這些食物都各有不同比例的熱量與養分，所以我們也必須配合正確的份量食用。

但即使在食物標籤上清楚載明蛋白質、維他命、礦物質等的含量，如果直接攝取食材，很多時候身體是不會吸收這些養分的。因此，同時也為了殺死能致病的微生物，食材需要經過烹煮，透過加溫的過程讓澱粉及蛋白質容易被身體消化，使身體能夠吸收更多能夠維持生命機能的元素。但有利就有弊，在高溫加熱的過程中也會消滅一些元素的活性或使其養分流失，嚴重時，還可能產生有害物質。使用低於傳統的溫度烹調每種食物，並且精準地控制溫度，得以更妥善地保存食物中的維他命、酵素、脂肪酸、抗氧化物及其他對身體有利的成分。如此不但可以減少致癌物「丙烯醯胺」出現的機會，也能避免其他因高溫烹調產生的有害物質，根據許多的科學研究，這些有害物質的累積可能會造成嚴重的疾病。

為了健康，我們可以選擇長時間烹調，將食物的養分溶解至烹煮時使用的液體中，或是將養分保存在食物中。以運動員為例，一碗已經含有鉀離子、鎂離子及其他礦物質的蔬菜清湯正好能夠補充他長時間訓練後身體所流失的養分。而有腎臟問題的人正好可以輕鬆地享用這些蔬菜，因為對他身體有害的鉀離子已經溶解出來。在不加液體的狀態下，真空烹調可以幫助減少油脂，也不用添加鹽份，用來烹煮綠色蔬菜時能夠保留女性懷孕期間所需的葉酸，亦能保留其他因溶解或氧化所流失掉的養分。

如果身體沒有任何特殊需要，那就不用過度緊張或專注於是否應該攝取或捨棄某些食物及養分。

但是科學證據告訴我們，若是將低溫烹調成為生活習慣，我們的飲食將更健康愉快。

美味留下的線索

艾莉西亞基金會是一個非政府組織的研究中心，致力於廚房的創新科技以及改善飲食習慣。

烹調食物可以提供安全與健康的飲食。但烹調不也是為了讓食物變得美味嗎？事實上，神經科學指出，我們喜歡什麼，

什麼讓我們感到愉悅，並不只是單純喜歡的感覺。這是人類身為高等生物藉以分辨什麼食物對自己有益的方法。舉例來說：牛並不知道自己能反芻，牠們無法了解，是因為體內複雜的消化系統，使牠們得以代謝纖維素。對牛來說，牠們就是單純喜歡吃草。以味道來說，草不難吃也不好吃，牛吃草是因為牠適合吃草，也吃得到草。但是人類對飲食的選擇就不是如此。以青草為例，人類的消化系統不同，無法妥善利用青草。這個例子很簡略，但大致上的概念是非常接近的。

烹調同時做到「健康」與「愉快」這兩個層次，因此我們才依然存在於這個世界上。

無論如何，人類的飲食受到文化傳承的影響──因為感官喜好的關係而有好有壞。因為有文化與智慧，我們是唯一會吃熟食的動物，也因為熟食，我們多了很多食材的選擇，因為經過烹調的手續，許多食物變得容易吸收，也免除許多中毒的可能。有人喜歡吃生的馬鈴薯、義大利麵或米嗎？你有想過為什麼我們會將肉的外層煎至金黃嗎？我們烹煮食物，讓食物更安全並且更有營養價值，透過烹調我們也發現食物能變得更美味。烹調就是為了「健康」與「愉悅」。多虧了烹調，我們才依然存在於這個世界上。因為在更早的年代，我們的祖先在尚無科學基礎來分析食物的內部結構時，就已經盡可能均衡地攝取各種營養。「營養科學」尚為非常新興的一門科學，可能還需要一段很長的時間，我們才能了解並主導人類與食物的關係，而烹調方式會如何影響食材與人們吸收營養的方式則是更遙遠的目標。

我們在本書中看到的資料，是少數經科學證實指出低溫烹調對健康有好處的研究成果。還有非常多的調查要做，而我們將會試著跟上時代的腳步。目前為止，可以肯定這樣精準的烹調方法，讓我們得以改善食材的烹調結果，並朝著追求健康的目的前進。

3

低溫烹調的必備知識

在本章你將會了解所有關於低溫烹調的必備概念：如何進行低溫烹調、使用低溫烹調的時機與所需的設備。

這是有關技術的一個章節，但是別想得太複雜。我們只是要了解進行低溫烹調時所需要知道的每件事。

第一，先來了解一下「時間與溫度（T&T）」這段無法分割的關係，在每道料理中都會有它們的存在。在前面的章節我們已經強調過，低溫烹調最重要的就是這兩項數值的控制。也就是說，低溫烹調時絕對會有「溫度計」與「時鐘／計時器」這兩項工具。

你家裡的廚房可能需要配備新的工具。請別擔心，本書也有一個章節專門解釋廚具及必要用品，並且會提到哪些一般的家庭廚具能夠被利用做為低溫烹調的器材。

了解時間與溫度的關係之後，接著是關於低溫烹調會使用的幾種加熱方式：一、乾式加熱（烤箱）；二、將食材浸入液體中的溼式加熱；三、蒸煮；四、將食物放入調理袋後的「真空（舒肥法）」或「非真空」加熱。透過本章會有各種方式詳細的解說，並透過食譜讓大家更清楚。真空烹調對於大部分的家庭來說是嶄新的烹調方式，我們也會強調真空烹調的基本原則以及特殊性。最後，還會介紹保存低溫烹調的食物該注意的重點。

令人困惑的關係：溫度與時間（**T&T**）

食材烹調的程度跟料理成功與否，有非常大的關聯性。一道有完美醬汁的魚，魚肉卻煮乾了，多可惜！乾柴的肉，難以咀嚼。黏成一團的飯，多浪費！不夠熟的雞腿，絕對會被投訴……這樣的例子不勝枚舉。

為了不再發生更多的失誤，學會控制食材烹調的時間以及加熱的溫度非常重要。這就是低溫烹調的首要重點：極精準地控制每項食材的烹調時間與溫度，使其達到最好的烹調成果。

溫度是關鍵

如果要達到食材烹調最好的成果，在準備時，就必須要確定料理應該達到的溫度。如何知道烹調要設定在什麼溫度？——讓「表面溫度」與所希望達到的「食材中心溫度」越接近越好。如同第二章所解釋的，掌握食材中心的溫度，即可確保烹調能夠達到預期的理想熟度。

此時需要認識兩個觀念：「食材中心溫度」——我們希望食材中心達到的溫度，以及「表面溫度」——也就是烹調食材所需的溫度。

時間，烹調過程中最重要的夥伴

在了解要用最接近食材中心的理想溫度烹調後，要用多少時間配合加熱才能達到這樣的溫度呢？有些時候只要在食材表面達到和中心的理想溫度相同時，烹調即可完成；但有時候不單食材表面要達到食材中心的理想溫度，還需要維持該溫度繼續加熱幾分鐘甚至幾小時，才能將食材充分烹調並且得到更完美的成果，例如讓食材非常軟嫩卻依然保持多汁不乾柴。

溫度與時間（T&T）的變化

另一個需要強調的重點：藉由調整不同的「溫度與時間（T&T）」，也能得到相似的料理成果。這表示烹調時可以採用非常低的溫度與很長的時間，或是提高一些溫度以縮短烹調時間，前提是，仍然維持在低溫烹調的建議溫度範圍內。

料理時我們應盡可能採低溫且長時間的烹調方式。

我們當然建議大家盡量每次都用低溫配合長時間烹調。但是考慮到長時間烹調對於一般家庭來說不太實用，所以本書將會提供「非常低的溫度」與「稍高的溫度」兩個數值給大家參考。

書中將示範如何在同一道料理中，調整 T&T 的數值並得到類似的結果。舉例看看 T&T 經過些許的改變後，對於料理結果會有多麼顯著的影響吧！低溫烹調一顆雞蛋，只要在烹調中做一些調整，蛋黃的狀態就能從液態變成固態，卻不會影響蛋白的物質狀態；透過時間與溫度可以精準地調整卡士達醬的濃度；改變溫度計與計時器的數值，即可決定一塊肉的烹調程度是完美、半熟或全熟。

接下來就讓我們用五個例子：雞蛋、卡士達醬（英式蛋奶醬）、優格、魚、肉來分析 T&T 數值變化對烹調成果的影響吧！

雞蛋

以低溫烹調雞蛋時，經過溫度與時間的數值調整，可以非常清楚地看見變化。讓我們先觀察使用傳統方式烹調雞蛋的變化。

傳統烹調

以水煮蛋為例，我們將烹調三種不同熟度的蛋：分別為輕微過水、半生熟與全熟蛋。三種蛋都會放進 100℃ 滾水中，但是改變烹調時間以得到不同的結果。請看下面的照片並對照說明表。

時間	蛋的烹調狀態	蛋白	蛋黃
2 ～ 3 分鐘	輕微過水	半流動（外側凝固）	流動
5 分鐘	半生熟	凝固	半流動
8 ～ 12 分鐘	全熟	凝固	凝固

在烹調水波蛋的時候，我們習慣將蛋直接放入 90°C ～ 95°C 的熱水中，避免水溫到達 100°C 的沸騰狀態，烹調時間也較短。透過這樣的方式能夠得到不太硬的固體狀蛋白以及液態的濃郁蛋黃。水波蛋的烹調成果其實跟低溫烹調的蛋是最相似的。

低溫烹調

透過低溫烹調，我們更能夠掌握水波蛋的口感／物質狀態。最理想的水波蛋是流動而濃郁的蛋黃，已凝固卻保持柔軟的蛋白。要得到這樣的成果必須先知道雞蛋理想的烹調溫度，根據經驗是在 62°C ～ 68°C。為了簡化食譜並幫助記憶，我們建議以 65°C 烹調，時間則從煮 20 ～ 40 分鐘不等。時間越長，蛋黃就會越接近固態，直到冷卻後完全呈現固態為止；但是蛋白卻幾乎完全保持一樣的狀態。

在保持 65°C 恆溫的狀態下烹調雞蛋的時間從煮 20 ～ 40 分鐘不等。

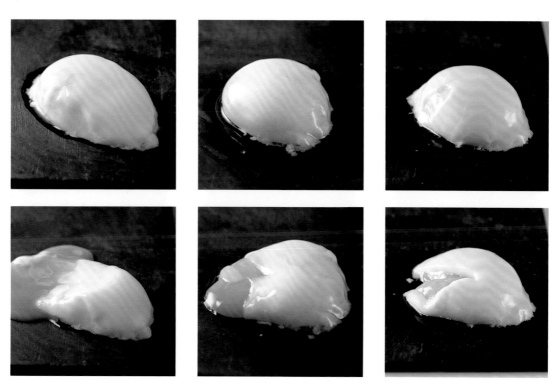

水波蛋佐朝鮮薊

| 蛋 65℃ / 20 ～ 40分鐘 | 朝鮮薊 85℃ / 30 ～ 45分鐘 | 1小時30分鐘 | 中等 | 四人份 |

⚠ 蛋、乳製品（馬鈴薯泥）

材料

- 有機蛋 4 顆
- 朝鮮薊 6 顆
- 炒蔬菜 60 公克（參考本書 334 頁）
- 馬鈴薯泥 300 公克（參考本書 333 頁）
- 細葉芹少許
- 混和橄欖油 50 公克
- 鹽少許

這是一道非常美味，令人食指大動的雞蛋低溫料理，透過不同食材互補口感，並相互激發出多層次風味。

❶ 將雞蛋放入 65℃ 的水中烹煮 20 ～ 40 分鐘。

② 將兩顆朝鮮薊剝皮，用切片器切薄片後盡快下鍋油炸，避免氧化發黑。

③ 將剩下四顆朝鮮薊剝皮並依大小平均切成四到六小塊。

④ 將切成小塊的朝鮮薊放入調理袋，以 85℃ 真空烹調 30 ～ 45 分鐘。

⑤ 裝盤：在盤子底層刷上一層馬鈴薯泥，把水波蛋置於馬鈴薯泥上，將切成薄片的朝鮮薊與真空烹調的朝鮮薊交叉插入馬鈴薯泥中。

⑥ 最後淋上炒蔬菜，點綴少許細葉芹即可。

美味又健康

雞蛋是人體必需胺基酸：維他命 A、B_9、B_{12}、硫胺素與核黃素極佳的來源。這些元素大多容易被高溫破壞，所以低溫烹調能幫助保有蛋本身的營養素。

附註

也可以根據個人喜好加入豬五花肉、豬頸肉或魚。如果想要更濃的風味，也可淋上淡淡的蘑菇醬或松露。

卡士達醬

本身即是一道甜點，也可以用來做甜點醬料，或成為其他料理的基底，例如慕斯。傳統的卡士達製作方法都是用小火或是隔水加熱，但本書將示範放入容器中製作的低溫烹調法以及調整溫度與時間參數後所產生的變化。

卡士達醬的基礎原料有：牛奶、鮮奶油（依個人喜好可省略）、蛋黃及糖。通常也會加入香草，但也可以依照個人喜好改用其他的香料。料理的過程非常簡單：將所有的原料混合後放入容器中（推薦使用「玻璃密封罐」），再放到82℃的水中加熱。在這個溫度中，能夠看見卡士達醬漸漸成型，又不用擔心原料中的蛋黃熟透。

保持一樣的溫度，但是調整烹調時間（由短到長）將會得到不同狀態的卡士達醬：奶醬狀、乳霜狀或是布丁狀。如果繼續增加烹調的時間，就會看到蛋黃凝固，卡士達醬的蛋與水會分離成為部分液態及部分固態。

透過時間與溫度的調整，即能精準達成對不同料理的要求。接下來的幾張照片能清楚看見同樣以82℃烹調，只有時間調整所造成的結果差異。

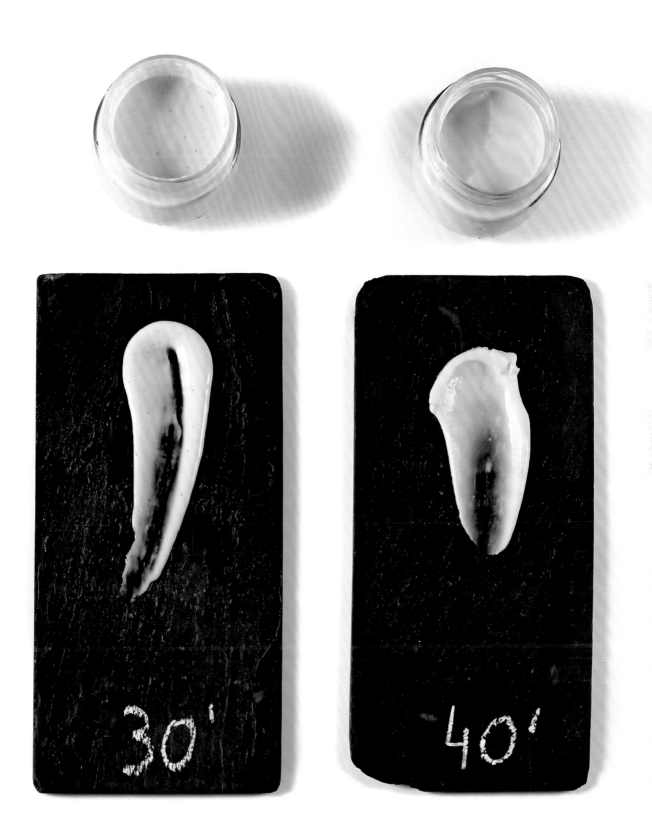

卡士達醬

⊘82ºC / 20、30、40分鐘 | ⊠1小時 | ⑪簡易 | ⓘ蛋、乳製品

材料

- 牛奶 500 公克
- 奶油 500 公克（脂肪含量 35%）
- 糖 125 公克
- 香草莢 1 條
- 蛋黃 12 個（約等於 240 公克的蛋黃液）

① 將牛奶、鮮奶油及自香草莢中取出的香草籽一起加熱至 85ºC 後，繼續烹煮 10 分鐘。

❷ 混合蛋黃和糖，緩慢地加入作法 1，持續攪拌。如果因為攪拌導致起泡，可以放置 1 小時讓泡泡自然消失。如果有時間限制，也可以用噴槍消除泡泡。

❸ 將作法 2 的蛋黃牛奶倒入玻璃密封罐中，蓋緊並放置在 82ºC 的水中保持恆溫，依所需的卡士達醬濃稠程度加溫 20、30 或 40 分鐘（時間越長會越濃稠）。

❹ 當烹調時間完成，將玻璃密封罐取出，用力搖勻。若是烹調時間達 40 分鐘，呈現濃稠乳霜狀態，則不需要搖勻。

❺ 將玻璃密封罐放置於桌上兩分鐘，稍微冷卻後再浸入冰水中。

附註

如果加溫時間為 20 或 30 分鐘，將會得到不同濃度的卡士達醬。40 分鐘時，卡士達醬的質感將會像是濃稠的乳霜。

如果用鮮奶油取代牛奶，則可成為慕斯的基本原料。香料也可以依個人喜好做變化。

優格

現在使用優格來做時間與溫度變化的實驗吧！

做優格的過程與其說是烹調，更像是一個發酵的過程。用 43℃ 的恆溫，非常緩慢地加熱牛奶，目的在於促使乳酸發酵。就像卡士達醬一樣，加熱時間短，就會得到優酪乳般的流動液體；加熱時間長，則會變得濃厚，介於兩者之間，就會得到醬料般的質地。

溫度 43℃	2 小時	2 小時 30 分鐘	3 小時 30 分鐘	5 小時
優格狀態	優酪乳	優格醬	優格乳霜	濃優格

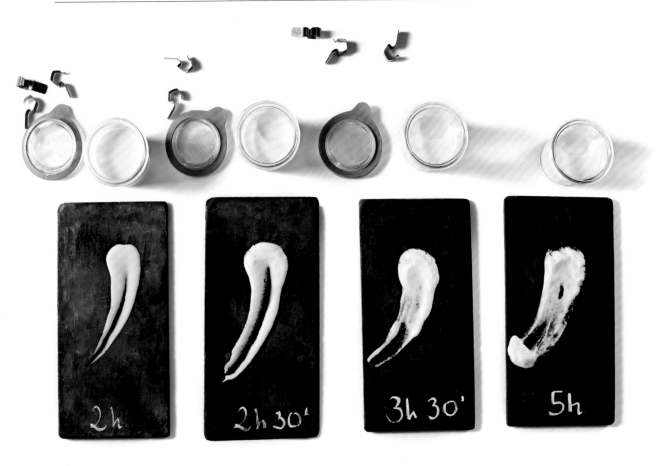

附註

優格可以做成甜的或鹹的。可藉由添加香料來突顯優格細緻的口感並增加香氣。不論是甜味或鹹味的香料，建議使用量皆為每 400 公克牛奶對 5 公克的香料（牛奶：香料＝ 400：5）。

你知道嗎？

雖然現在的希臘優格幾乎都是用牛奶製作，但最早的希臘優格其實是以羊奶為原料。它綿密的口感則是因為在料理過程中加了過篩的步驟，濾掉了乳清，留下濃稠的優格。

優格

⊗ 43°C / 5 小時 | ⊠ 6 小時 | ⊞ 簡易 | ⊗ 四人份 | ① 乳製品

材料

- 全脂或新鮮牛奶 400 公克
- 希臘優格 20 公克

❶ 將牛奶加熱至 85°C 以達到消毒與穩定的作用。

② 將牛奶隔冰水降溫至 43°C。

❸ 將希臘優格放入大碗中,再以「少量分批」的方式慢慢倒入牛奶,均勻混和兩者,確保希臘優格能徹底溶解。

❹ 將大碗中的混和物倒入玻璃密封罐並蓋好蓋子。

❺ 將玻璃密封罐放入 43°C 的水中,加熱 5 小時。

⑥ 將玻璃罐取出冷卻,放入冰箱保存。建議當天食用完畢,冷藏可多保存一天。

魚類

溫度的些微調整會如何改變魚類的烹調成果呢？

從前面的章節就可以得知烹調魚類需要使用較低的溫度。只要溫度過高，它的水分就會快速蒸發，留下乾而無味的魚肉。

魚肉最適當的中心溫度為 45℃ ～ 55℃。如果中心溫度超過這個範圍，魚肉會快速地過熟，而且從外部也可以看到顯著的改變，魚的口感會被破壞，賣相不佳使人胃口全消。

和肉類一樣，魚肉成分中的蛋白質，一受熱就會改變其物質狀態。這種因受熱而改變物質狀態的現象，稱之為「變性」*，指的是蛋白質失去原本的立體結構，物理與化學上的結構也隨之改變的現象。從溫度到達 40℃ 起，魚肉就會開始收縮，水分逐漸收乾。到了 60℃ 時，魚肉內部的水分就會完全收乾。

魚肉在烹調前建議先冷凍，以避免滋生「海獸胃腺蟲（又稱異尖線蟲）」之類的寄生蟲。

不同魚類所需的烹調溫度也不同，原因在於隨著魚兒們活動量的多寡，其肌肉組織中的蛋白質含量也有所不同，這就會影響到烹調時所需要使用的溫度。活動量較小的魚類——例如安康魚、鱈魚，幫助肌肉活動的蛋白酵素較少，在烹調這類魚時，中心溫度可以達到 55℃。活動量比較大的魚類——例如鮪魚或是鮭魚，則含有較多的蛋白酵素，需使用 45℃ 左右比較低的溫度加熱。因為在蛋白質變性的過程中，魚肉會因為蛋白酵素凝固而變硬。

在範例中我們可以觀察鮭魚在 50℃ ～ 70℃ 烹調過程中的變化。你也可以自己試試看，50℃ 烹調出來的鮭魚還保有原本的樣貌；到達 70℃ 時魚肉的結構已經被破壞，鮭魚本身的蛋白質也從魚肉滲出在表面凝固成白色的小點，品嘗起來也不是那麼可口。

---

* 蛋白質變性最顯而易見的例子就是雞蛋的蛋白。在加熱雞蛋的時候，蛋白會從清澈透明變成不透明的白色。而牛肉在烹調前是有彈性且軟嫩的，在煮熟後則會變硬且具韌性。

以上為魚肉最好使用建議溫度加熱的原因說明。在第三章的 108 頁〈低溫烹調及食物保存〉，將會更詳細地解釋魚肉烹煮後，非常不適合保留到其他時間食用的原因。烹煮過的食物要保鮮，烹調時食物中心溫度必須至少達到 65℃，以避免微生物滋生造成食物腐敗。但是從鮭魚的例子就可以看到，魚類一旦加熱到 70℃，就已經不是一道好的料理，所以烹調魚類料理時，所使用的中心溫度不會超過 65℃ 以上，因此不適合保存後再食用。

的確，低溫烹調在溫度與時間的控制非常講究，但是做出的料理口感也絕對是非常令人滿意的。

細看鮭魚在超過建議溫度烹調後，蛋白質凝固的情形。

50℃ │ 15 分鐘
♡ 44℃

70℃ │ 11 分鐘
♡ 44℃

由此照片可以看出若烹調至相同的中心溫度（44℃）時，鮭魚表面烹調溫度不同（50℃ 與 70℃）所造成的差別。

鱈魚佐香草美乃滋

鱈魚 60ºC / 15分鐘 | 青花菜 85ºC / 20分鐘 | 30分鐘 | 中等 | 四人份 | 魚類、蛋製品（美乃滋）

材料

- 四塊高品質的鱈魚肉，每塊 170 公克
- 美乃滋 200 公克
- 新鮮香草適量（蒔蘿、細葉芹、龍蒿、洋香菜、九層塔、百里香）
- 使用以上香草做成的新鮮香草凝膠 150 公克（作法請參考本書 332 頁）
- 迷迭香花適量
- 青花菜 120 公克
- 鹽水 1 公升（100 公克鹽比 1 公升的水）

美味又健康

這是一道美味又充滿營養的料理。青花菜是非常好的抗氧化物，而且青花菜所含的蘿蔔硫素對於有關節炎或是發炎病症的人特別有幫助。

低溫烹調是非常適合魚肉的料理方式。只要很短的時間，就能得到出色的料理。以下提供兩個不同的呈現方式，一個是日常料理的作法，另一個比較偏向精緻料理，加了香草凝膠到美乃滋中。

香草美乃滋

- 日常料理：將香草切碎拌入美乃滋中。
- 精緻料理：慢慢攪拌美乃滋，並緩緩拌入100公克的香草凝膠。

鱈魚

① 將鱈魚浸泡在冷鹽水中 15 分鐘，仔細擦乾並將魚放進調理袋，做真空處理。

② 將真空調理袋放進水中，以 60ºC 恆溫烹調 15 分鐘。

青花菜

① 將青花菜切成小朵。

② 清洗後放入調理袋，真空處理後以 85ºC 恆溫烹調 20 分鐘。

裝盤

- 日常料理（右圖）：
  ① 將鱈魚放在盤子中央，帶皮的面朝上。
  ② 加上一匙香草美乃滋、熱騰騰的青花菜及少許新鮮香草。
- 精緻料理（左圖）：
  ① 先塗一層香草美乃滋在盤子上當基底，小心地將去皮的鱈魚放在中央，並放上小朵的青花菜。
  ② 用迷迭香花、新鮮香草裝飾，最後淋上香草凝膠點綴。

附註

這道料理也有其他的烹調方式，像是用香草高湯煮鱈魚，或蒸煮。也可以稍微將美乃滋加熱，搭配如柑橘類或其他元素做出不同的變化。

肉類

烹煮肉類時需要的溫度比魚類高（50℃ ～ 80℃），時間也較長。

在開始烹調肉類前，我們必須強調：肉類可以用低溫烹調較長的時間，也可以用稍微高一點的溫度與較短的時間。但如前面章節所提，我們還是建議大家盡可能使用較低的溫度烹調。

差別在於，稍微高溫的烹調能夠顯著地縮短料理時間，但有稍不注意，就可能產生快速使肉品過熟的風險。肉會變得硬韌而乾柴，色澤也會改變。以低溫長時間烹調，可以輕鬆地避免過熟，也可以確保得到最好的美食享受。

這兩塊牛排的中心溫度都到達了55℃，但是可以明顯看出它們的外觀與結構的差別。左邊的牛排是經過真空烹調及表面上色的雙重烹調法，右邊則是傳統的煎牛排。

大致上，肉類的烹調溫度範圍，建議是使食材中心達到 50℃～80℃，依肉類的不同有所差異。

膠質少的肉類，例如沙朗牛排或雞胸肉，肉質比較鬆軟。只要烹調溫度在 50℃～60℃ 即可食用又不會破壞其多汁的口感。

相反的，膠質含量高的肉類例如牛膝或豬腳，因為通常肉質較硬，溼式加熱的烹調溫度至少要達到 65℃，而乾式加熱，例如烤箱，則需要到達 120℃。

在底下的圖片可以看到兩塊一樣的肉類配合不同的 **T&T** 數值烹調的成果。雖然兩塊肉都有達到軟嫩多汁的口感，但是色澤與重量的減少卻有很明顯的差別。

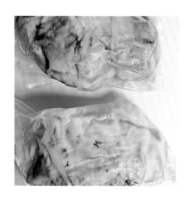

伊比利豬頸肉以 65℃（上）與 80℃（下）真空烹調。

這張照片可以明顯看出羊腿在 65℃（上）與 80℃（下）真空烹調的差異。

香烤沙朗

🍳120°C / 大約20分鐘 | ⏱1小時 | ⏹簡易 | 👤四人份

材料

- 沙朗牛排 800 公克
- 鹽水半公升（100 公克鹽比 1 公升的水）
- 綜合菇類 800 公克（雞油菌、松乳菇、牛肝菌、凱薩蘑菇）
- 橄欖油 40 公克
- 醬汁 120 公克（作法請參考本書 333 頁）

準備這道料理的方法與傳統烤牛排大致相同：上色與加熱。但是我們會用較溫和的方式烘烤，以保持整塊牛排的鮮嫩多汁。

沙朗牛排

① 將牛排放入鹽水中浸泡 15 分鐘。

② 取出牛排擦乾，用平底鍋以中火快速將雙面煎至上色。

③ 將牛排放到烤肉架上，在烤箱中以 120°C 烤 20 分鐘。

④ 將牛排上蓋，靜置 4 分鐘。

綜合菇類

① 用濕布清潔菇類，並去蒂。

② 放入平底鍋中，加入少許橄欖油快速翻炒。

裝盤

① 先在盤中放些許綜合菇類，然後擺上已切片的牛排。

② 淋上醬汁。

附註

烤肉一定要使用烤肉架或烤網，不能使用烤盤。因為要溫和地烘烤肉類，空氣的循環以及空氣與肉類各部位的接觸很重要。這樣的烹調方式非常適合軟嫩的肉類。例如乳鴿、羊肉或是牛肉。

低溫烹調的方法

依使用的器材以及烹調的媒介，低溫烹調可分成幾種不同的方法：「乾式加熱」
——使用烤箱烹調食物；「溼式加熱」——將食物直接放入液體中，使用鍋子烹
調；「蒸煮」；「調理袋隔水加熱」——將食物用容器或調理袋包裝後，隔水加
熱。

 乾式加熱

指的是使用烤箱或是炭烤這類傳統且需要長
時間烹調，溫和地使食物變得軟嫩的加熱方
式。料理羊腿、豬腿、禽類的腿，或是烹調
蔬菜水果時經常使用。

 蒸煮

大家都知道如何蒸煮食物。蒸煮能高度保留
食物的原貌及本質，非常適合用來烹調魚類
及蔬菜。蒸煮也是烹調健康料理最好的方
式，因為它是用液體蒸發的水氣煮熟食物。

濕式加熱

將食物浸泡到液體中烹調。因為不同的料理目的,也許想增添香氣,或讓料理多汁,亦或是使食物味道變得濃郁,使用的烹調液體可以是油、高湯或醬汁。重點是透過溼式加熱配合低溫,是很溫和的料理方式。

調理袋隔水加熱

使用調理袋做低溫烹調,有「真空」和「非真空」兩種方法。兩者的差異將於後文介紹。但是調理袋烹調的重點就是食材不會直接接觸烹調的媒介。在以下的範例中使用的烹調媒介是水。

真空(又稱「舒肥法」)

舒肥法(低溫真空烹調)可以更精準地控制烹調溫度,而且因為烹調過程中沒有氧氣介入,食材的狀態會比較穩定,也避免食材氧化或臭酸餿掉的問題。

非真空

這是一個不需要做真空處理,但基本上也具有所有舒肥法的優點的烹調方式。至於非真空烹調使用的容器也不只限於調理袋。可以是玻璃瓶,玻璃密封罐或是夾鏈袋。

用四種低溫烹調的方式料理鮭魚

接下來我們將配合圖片示範如何用前面提到的四種低溫烹調方式料理同樣的食材。

 **乾式加熱**
70ºC / 12 ～ 15 分鐘

 **蒸煮**
60ºC / 15 分鐘

濕式加熱
50℃ / 15 分鐘； 44℃

調理袋隔水加熱
50℃ / 15 分鐘

香烤鮭魚佐蘋果泥與香草橄欖油

70°C / 12 ～ 15 分鐘 │ 30 分鐘 │ 簡易 │ 四人份 │ 魚類、乳製品（奶油）

材料
- 四塊高品質的鱈魚肉，每塊 150 公克
- 鹽水半公升（100 公克鹽比 1 公升的水）
- 細葉芹少許

蘋果泥材料
- 黃金蘋果 1 顆
- 青蘋果 1 顆
- 特級初榨橄欖油或牛油 50 克

蘋果丁材料
- 金蘋果 1 顆
- 香草莢 1 條
- 葵花油 30 公克
- 少許鹽

美味又健康
鮭魚和其它深海魚類一樣，富含促進心血管健康的脂肪酸 Omega 3。每個人每週至少應攝取一到兩次的深海魚類。低溫烹調也可確保其養分不流失。

這道鮭魚料理非常快速簡單，讓人們沒有藉口不多吃深海魚類。配合短時間即可製成的蘋果泥及加了香草調味的橄欖油，讓這道日常菜餚多了新的風味與吸引力。

蘋果泥
① 將蘋果切成大塊，與一小匙牛油（或橄欖油）放進調理袋中，用類似「紙包料理」的方法以微波爐加熱至蘋果呈現白色。取出打碎，即是蘋果泥。

蘋果丁
① 將蘋果切丁，為了避免蘋果氧化變黑，切好的蘋果丁請與香草籽放入裝有橄欖油的容器。

鮭魚
① 將鮭魚浸入鹽水中 15 分鐘，取出擦乾。
② 將鮭魚放置烤盤上，送入烤箱，以 70°C 烤 12 至 15 分鐘。

裝盤
① 將蘋果泥以水滴狀塗在盤上。
② 放上烤好的鮭魚。淋上蘋果丁及少許醃漬蘋果丁的橄欖油。
③ 放上細葉芹點綴。

附註
使用烤箱低溫烘烤一方面可以保有低溫烹調料理的軟嫩特點，又可以讓鮭魚得到傳統烘烤的外觀。

乾式加熱

烤箱

低溫烹調可以使用特定的烤箱完成，但只要經過一些事前準備，一般的烤箱也可以使用。市面上非常實用的「多功能旋風烤箱」即可應用在低溫烹調上。只要降低烘烤溫度，延長烘烤時間即可。

烹調的溫度通常設定在 70ºC ～ 120ºC，即可藉由熱度將食材表面的水分蒸發，保存食材內部的水分避免烤至乾柴。

但若想用烘烤的方式低溫烹調，還必須配合兩道工序的處理方式。首先用高溫將食材的表面上色，加強食材的口感、色澤及香味，然後才將食材放入烤箱中，以低溫繼續加熱到最佳程度。這兩個步驟的順序可以對調：先用低溫加熱完成，再用高溫將表面上色。這個順序會使食材外部的口感更酥脆一些。

有時候可在放入烤箱前，先將魚肉表面快煎上色。

雖然是使用低溫烹調，但是烤箱的設定溫度還是比其他的烹調方式高。因為空氣傳導熱的效率比其他的媒介，例如液體來得差。以下是烤箱溫度設定的參考。

烤箱溫度設定

魚類	70°C ～ 90°C	鱈魚、鱸魚、多寶魚（大菱鮃）
烤肉類	120°C ～ 140°C	沙朗、肉排、乳鴿胸
低溫烤肉類	65°C ～ 80°C	雞肉、小雞、羊腿

在使用烤箱烹調肉類時，建議在烹調完成後讓肉類靜置一段時間，使表面溫度可以到達食材中心，讓烹調成果更穩定。靜置過的肉品也會更軟嫩多汁。

用來靜置肉類的容器最好有網子或架子，以便將食材與靜置時流出來的血水或汁液分開。

柴燒爐與炭烤爐

低溫烹調也可以應用在更傳統的「柴燒爐」或是「炭烤爐」中。只要等到炭火減弱之後，使用炭的餘溫即可溫和緩慢地烹調食物。在土耳其常見崁入地下的烤爐，或是「南美洲烤全羊」就是用傳統方式低溫烹調的例子。

烤豬里肌

豬里肌肉 140°C / 20 ～ 25 分鐘	蘋果 85°C / 40 分鐘	1 小時	簡易	四人份

乳製品（馬鈴薯泥、牛油）

材料

- 豬里肌肉兩塊
- 鹽水 1 公升（100 公克鹽對 1 公升水）
- 黃金蘋果 3 顆
- 青蘋果 3 顆
- 馬鈴薯泥 500 公克（作法請參考本書 333 頁）
- 橄欖油少許
- 鹽巴與白胡椒少許
- 細葉芹少許
- 牛油少許

附註

烹調程度的感受因人而異，若是使用溫度計觀察食材中心的溫度，就能知道要達到個人喜歡的口感需要用多少時間及溫度烹調肉類。

低溫烹調的方式可以使食材的料理成果更為一致，因此當烹調完成時，這道烤豬里肌將會呈現均勻的粉紅色並且多汁到令人難以抗拒。

① 將豬里肌肉放入鹽水中浸泡 20 分鐘後取出擦乾。

② 兩種蘋果各取兩顆切成瓣，放入調理袋做真空處理。將調理袋放入水中，維持 85°C 烹調 40 分鐘後冷卻。

③ 將煮熟的蘋果加入 10 公克橄欖油以及適量鹽巴和白胡椒粉後搗成泥。若是覺得質感不夠綿密，可以加入一些水。也可以加入少許切碎的細葉芹，增加新鮮的口感。

④ 將剩下的蘋果切成瓣，與少許牛油放入平底鍋，以小火慢炒。

⑤ 在平底鍋中將豬里肌快速煎至上色，然後放在烤肉架上。

⑥ 將烤肉架送入烤箱，以 140°C 烘烤 20 至 25 分鐘。（依豬里肌肉的大小調整時間，但是中心溫度必須達到 56°C ～ 58°C。）

⑦ 將里肌肉取出，放入容器靜置，使中心溫度繼續升高到 58°C ～ 60°C。

⑧ 將豬里肌切片，放進盤中，再加上炒好的蘋果瓣、蘋果泥及馬鈴薯泥。

⑨ 最後將細葉芹切碎，加入橄欖油、鹽巴與胡椒混和為醬汁，淋在里肌肉及配菜上即完成。

你知道嗎？

「靜置」是使肉類軟嫩多汁的祕訣。但是要注意一點：肉類在靜置時，中心溫度還會再上升 2 ～ 3°C，因為即使已經離火，靜置時，餘溫還是能持續加熱。

溼式加熱

「溼式加熱」顧名思義就是將食材浸泡在液體中，一方面以液體做為加熱的媒介，另一方面亦可將液體的味道融入食材。

液體是非常有效的熱能傳導媒介，也能使溫度保持穩定，因此對於低溫烹調以及達到食材中心溫度來説，溼式加熱都是很好的烹調方式。溼式烹調還能增加食材的香味、口感及濕潤度，有時候還能使食物易於保存。

以使用的液體做區分，溼式加熱可以分為兩大類：「水基」與「油基」。在這兩大類底下，以使用的溫度又可以再分為四種：小火慢煮、水波煮、油封／糖煮、滷／醃漬。

加熱的步驟都是一樣的，先將液體加熱至適當溫度，再放入食材直到食材達到理想的溫度為止。在本書第四章（134頁）會更深入地介紹不同的烹調方式所使用的液體，又被稱為「保鮮液」或「滷汁」。

使用液體烹調食物最好的工具，就是配備有溫度控制的電磁爐，以便精準地控溫。雖然也可以手動調整溫度控制，但與溫控電磁爐相比仍然不夠精準。

烹調時配合溫度控制，可以得到非常精準的烹調成果。

液體	烹調方式	參考食譜
水或高湯	水波煮	低溫蛋佐百里香草湯
油	油封或水波煮	番茄沙拉佐油封沙丁魚
糖漿	糖煮	蜜桃吐司
醬料	水波煮	黃金椰醬泰式料理
滷汁	滷	滷蔬菜與油漬鯖魚

番茄沙拉佐油封沙丁魚

🍳 50℃ / 6～8分鐘 | ⏲ 1小時 | ▥ 簡易 | 👥 四人份 | ⚠ 魚

材料

- 中等尺寸沙丁魚 12 尾
- 鹽水 1 公升（100 公克鹽對 1 公升水）
- 九層塔葉 20 片
- 檸檬一顆
- 雪莉酒醋 20 公克
- 紫洋蔥一顆
- 橄欖油 200 公克
- 綜合橄欖 100 公克
- 綜合番茄 600 公克
- 黑白胡椒 5 公克

附註

除了沙丁魚，這道料理也可以換成北大西洋鯖魚、鮪魚或是白腹鯖魚（又稱日本鯖、白肚仔）。深海魚類與番茄在口感與味道上都很好搭配。也可以選擇不同的香草調味：鼠尾草、奧勒岡葉或百里香都是不錯的選擇。只使用沙丁魚加上一些九層塔作為開胃菜也是不錯的變化。

以這麼大量且當季的食材來說，這道料理真的非常容易製作又美味。這是屬於春夏季的菜餚，因為這個時節的沙丁魚最為肥美，而番茄也正在最美味的季節。我們將會使用不同番茄的口感與味道中和沙丁魚經過香料油烹調後的油膩感。

① 清洗沙丁魚。

② 將沙丁魚放入冰水中 15 分鐘以去除血水（包括血水、雜質、及腥臭味）。

③ 在清洗及去血水後，將沙丁魚放入冰鹽水中 5 分鐘，取出擦乾。

❹ 將橄欖油加入檸檬皮、一片九層塔葉及胡椒，將油加熱至 50℃。

❺ 把沙丁魚放入作法 4 的橄欖油鍋中，維持油溫 50℃ 煮 6 至 8 分鐘。

⑥ 為了使沙丁魚不在熱油中繼續烹調，烹調完成時，立刻將油鍋隔水冷卻。

⑦ 將洋蔥切細絲，番茄與沙丁魚切成不規則狀。

⑧ 用烹煮沙丁魚的橄欖油與醋做成油醋醬。

⑨ 擺盤時將番茄、沙丁魚、橄欖、洋蔥絲與九層塔葉依序放上，最後淋上油醋醬即可。

觀賞影片

沙丁魚是含有豐富的 Omega3
脂肪酸的深海魚類，能夠幫助
降低膽固醇與三酸甘油脂，還
能促進血液循環。

蒸煮

「蒸煮」是可以高度保持食材本身特性的烹調方式。它能夠保存食物的味道及營養，而且烹調時不須添加任何油脂。

蒸煮通常是利用液體沸騰時所轉化的蒸氣將食物煮熟，我們可以將液體溫度降至 60℃，這樣烹煮食物的蒸氣約是 50℃，也就是說，蒸氣會比液體溫度低 10℃ 左右。與濕式加熱相比，蒸煮是相對不穩定且較難精確掌握的加熱方式，所以通常被應用在所需時間較短的料理，就不用長時間的監控溫度與時間的數值變化。

將烹調用的液體以濃郁高湯、紅酒或是其他酒類取代，通常可以巧妙地賦予食物不同的香氣。

蒸煮的另一個特色是食物不會直接接觸到用來烹調的液體，既可保存食材本身的營養，液體的香氣與味道也會滲透進食材中。若是將烹調用的液體以高湯、紅酒或是其他酒類取代，這些液體的香味通常可以巧妙地賦予食物新的特色。富含油脂的食材在蒸煮時的表現特別好，例如：鯖魚透過蒸煮，比一般淺水魚類更易吸收烹調液體的香味，因為它所含的油脂能夠讓液體產生的蒸氣更輕易地滲透進魚肉中。

蒸煮所需的基本器具就是「蒸籠」。市面上有各種不同材料的蒸籠：不鏽鋼、竹子、矽膠等，使用烹調用的篩子也可以達到蒸煮的目的。另外，蒸氣烤箱／蒸烤爐也可以讓我們使用較低的溫度蒸煮（傳統的蒸煮溫度為 50℃ ～ 130℃）。

你知道嗎？

這些充滿不同材料又有多種口味變化的小點心，傳統的品嘗方式是佐茶享用。

西班牙雜菜燉肉燒賣

雜菜燉肉 ☺ 90°C / 6 小時 │ 燒賣 ⊙ 90°C / 10 分鐘 │ ⊠ 7 小時 │ ⊪ 難 │ ⊛ 四人份 │ ① 麩質（黑香腸、餛飩皮）

材料

- 餛飩皮 16 片
- 橄欖油 100 公克
- 水 3 公升
- 胡蘿蔔 4 根
- 洋蔥 1 個
- 大頭菜 1 個
- 防風草（歐洲蘿蔔）1 個
- 馬鈴薯 1 個
- 芹菜 1 根
- 韭菜 1/2 根
- 高麗菜 2 片
- 雞腿 1 隻
- 牛膝 200 公克
- 新鮮培根 100 公克
- 豬腳 1 隻
- 黑香腸 1 條
- 鹽巴適量

附註

同樣的概念，也可以使用單純的蔬菜高湯，並且使用熬煮高湯的蔬菜當餡料，淋上濃稠的蔬菜泥加強口味與醇厚度。如果要使餡料更豐富，也可以加入油脂含量較高的起司並點綴辣的香料或調味。

這道料理的靈感來自加泰隆尼亞的「雜菜燉肉鍋」。融合了不同的文化，使用大家印象中屬於亞洲料理的餛飩皮，包入使用西班牙的雜菜燉肉鍋做成的餡料，做成美味的燒賣後，再與雜菜燉肉鍋的湯汁一起食用。

① 將所有的蔬菜清洗乾淨。

② 馬鈴薯與 4 根胡蘿蔔削皮後保持完整。大頭菜、防風草（歐洲蘿蔔）、芹菜與韭菜則切成大丁。將洋蔥剝皮後對半切開，高麗菜葉則切成大塊。

③ 將豬腳川燙兩次。

④ 除了黑香腸與餛飩皮外，將 1 根胡蘿蔔與其他所有材料放入裝水的鍋中，維持使用 90°C 烹調 6 小時，記得每隔一段時間要撈去浮渣與雜質。最後 5 分鐘再加入黑香腸。

⑤ 將作法 4 的湯汁過濾出來放置一旁備用，把肉與大致還保持完整的蔬菜分開。

⑥ 從湯汁中取出來的每種肉類與蔬菜，各取部分切成小丁備用。

⑦ 把剩下的 3 根胡蘿蔔打成泥，加入橄欖油攪拌至均勻混和備用。

製作燒賣、裝盤

① 使用切成小丁、份量相同的肉類與蔬菜，與胡蘿蔔泥拌在一起做成內餡。

② 將內餡放置在餛飩皮中央，用小刷子或手指將餛飩皮四邊沾濕，然後像製作布包般將餛飩邊黏好包住即是燒賣。

❸ 將濾出的湯汁加適量鹽巴，在鍋中加熱至 90°C，接著放上已排好燒賣的蒸籠，蒸 10 分鐘。

❹ 燒賣蒸好後即可與另外裝好的 1 小杯高湯一起出餐。

將食材放入調理袋或容器中「隔水加熱」

這也是一種可以高度保存食物本身營養與特色的烹調方式。因為在烹調的過程中，食物不會直接接觸烹調的媒介，而調理袋或是容器也發揮了保護食材的作用。在處理需要快速冷卻的食物時，這樣的烹調方式也非常實用，可避免食物直接接觸到冷水或冰塊。

包裝後「真空（舒肥法）」或「非真空」的烹調

真空與否其實是科技面的問題。「舒肥法（低溫真空烹調）」應該是最專業的低溫烹調方式，但它需要機器與一些相關廚具才能實行。舒肥的設備可以確保以最高的穩定性與衛生標準進行烹調，但是我們也必須具備一些基本的知識，以免在操作過程中發生錯誤或影響食品安全。

因此，本書也納入了不需要做真空處理的低溫烹調方式。不使用舒肥法，其實在很多時候得到的料理成果與舒肥法是相似的。

在本書中的許多食譜的確都必須使用舒肥法，但是只要可以，我們就會提供其他的作法，藉由調整 T&T（請參考 324 頁）的方式來得到最接近的結果。例如，一片鮭魚放入調理袋，經真空處理後，使用舒肥法，在恆溫水槽中以 50℃ 烹調，若不經真空包裝處理，但配合油封低溫加熱，加上適當的溫度控制，也會一樣美味，口感會與舒肥法烹調的鮭魚非常接近。

下面將仔細說明，經真空包裝處理的舒肥法，以及包裝後不做真空處理，兩者之間的差別與特色。

低溫真空烹調（舒肥法）

本書到目前為止都不斷強調「舒肥法」是低溫烹調中最具代表性的加熱方式，因為它的溫度控制最精準，尚未有其他技術可以超越。我們也可以利用真空烹調使料理達到不同用途：馬上食用、預先準備以便之後食用、或是食物保存（請參考本書 108 頁）。

烹調的過程很簡單：將已經處理好或未處理過的食材放入調理袋中，將袋子抽真空，放入恆溫水槽。有時候也可以使用恆溫蒸爐加熱。

可以肯定的是，這是一個能夠溫和地料理並保留食物營養成分，同時提供絕佳感官享受的技術。

舒肥法的好處

避免食物在烹調過程或保存過程中氧化。

食材不會直接接觸其他液體，能較完整地保存食材的營養。

能夠保留食物本身的香氣與味道，同時減少使用鹽巴及其他調味料。

能夠使用固定的溫度，精準一致地加熱。但是需要配合特定的器具：例如溫控電磁爐或溫控蒸爐。

可以配合「雙重烹調法」的料理方式。低溫烹調可以使食材軟化，之後再使用高溫烹調使料理增加酥脆口感與並使味道更豐富（有關兩道工序的說明請參考 104 頁）。

因為可以提前且大量的預煮食物，等到需要食用時，再將料理完成，故舒肥法也是保存食物的好方法。

附註

有時蘆筍會帶有苦味，要改善
這個現象，可以加入幾滴牛奶
一起烹煮。若是食譜中只有一
種提味的柑橘類，最好使用橘
子。

蘆筍佐柑橘美乃滋

🕐 85°C / 45分鐘 │ ⏲ 1小時30分鐘 │ ⏸ 簡易 │ ⓧ 四人份 │ ⚠ 蛋製品（美乃滋）

材料

蘆筍

- 新鮮白蘆筍 20 根

柑橘美乃滋

- 葵花油 300 公克
- 蛋黃 2 顆
- 鹽適量
- 檸檬 1 顆
- 橘子（也可以改成柳橙／柚子，或是一起使用）1 顆

裝飾

- 橘瓣（也可以改成柳橙／柚子，或是一起使用）
- 檸檬香蜂草（香蜂草）

美味又健康

蘆筍富含纖維質，又含有可促進腸道中的益生菌生長的「菊粉」，可幫助預防大腸癌。

這道料理適合當季食用，才能買到品質最好的新鮮蘆筍。透過舒肥法烹調，配合溫暖的美乃滋醬，即可成為一道美味佳餚。

柑橘美乃滋

① 使用非常小的火濃縮柑橘汁液，直到柑橘體積縮小成原本的四分之一（放涼後會稍黏稠）。放涼備用。

② 用蛋黃與葵花油做成美乃滋。

③ 將四分之三的濃縮柑橘汁與美乃滋混合，加鹽調整鹹度。

蘆筍

❶ 使用削皮刀把蘆筍外部的粗纖維削去。

❷ 將蘆筍真空包裝。

❸ 放入水中維持 85°C 烹調 45 分鐘。

④ 使用加有冰塊的水冷卻。

擺盤出餐

① 將蘆筍放在盤上，淋上美乃滋覆蓋蘆筍。使用噴槍將美乃滋燒到表面呈淡淡的金黃色。

② 用橘子、柳橙或柚子瓣以及檸檬香蜂草裝飾，再淋上幾滴柑橘濃縮汁。

「非真空包裝」烹調

究竟要如何烹調包裝後卻不做真空處理的食物呢？也許未來會出現新的選擇，但目前最普遍的就是使用玻璃密封罐——也就是傳統保存食物用的玻璃密封罐。另外，烹調用的夾鏈袋能保護食材不直接接觸加熱的媒介，也可以做為包裝材料的選項。

不過夾鏈袋有一個缺點。因為沒有做真空處理，夾鏈袋內還是保有空氣。袋中的空氣除了因為會隔離熱能而造成食材加熱速度變慢之外，也因為它會使袋子浮起，使液體無法均勻加熱食材。雖然有一些小方法可以解決夾鏈袋的缺點，例如使用重物壓住它或是用特殊的夾子使其沉入水中，但我們還是建議大家使用玻璃罐或玻璃瓶，這類在烹調時比較穩定的容器。玻璃容器除了可以反覆使用之外，若是有天不再需要使用時也可以資源回收。

烹調的方式非常簡單。將食材裝入夾鏈袋或是玻璃罐中，使用能夠控制溫度的廚具加熱。例如蒸爐或配有溫度控制功能的電磁爐。也可以配合溫度計使用火、電陶爐或是一般電磁爐。此外，在傳統的廚房及使用傳統器具低溫烹調豆類、穀類及蔬菜也非常容易，因為這些食材的烹調建議溫度是在100°C 左右，也就是沸騰的溫度。

使用容器包裝的烹調方式對於豆類、穀類和蔬菜類等適合保存的食物來說非常實用。而且從烹調、保存、二次加熱甚至出餐，都可以使用同一個容器。

香辣油封鮪魚

⊘ 42°C / 30 分鐘 | ⏱ 1 小時 | ⊪ 簡易 | ⊗ 四人份 | ⋔ 魚、芝麻

材料

- 鮪魚肉 500 公克
- 紅辣椒 1 根
- 混和橄欖油 100 公克
- 綠豆蔻或黑豆蔻 5 公克
- 丁香 1 公克
- 肉桂 1 支
- 綜合胡椒 20 公克（黑胡椒、白胡椒、花椒、牙買加胡椒等）
- 鹽水 1 公升（100 公克鹽對 1 公升水）
- 韓式辣醬（或醬油）10 公克
- 烤芝麻 5 公克
- 黑芝麻 5 公克
- 芝麻葉適量

附註

我們通常在 50°C ～ 60°C 之間烹調魚類，但這道鮪魚料理只使用了 42°C 的溫度加熱，是一道即烹即食的料理。因為溫度使用較低，這道料理不能保存到下一餐才食用。但是也感謝這樣的低溫，烹調鮪魚之後，剩餘的香料油保存了所有食材的味道與營養價值，還能使用在其他料理的醬料中。

我們將使用極低的溫度烹調這道鮪魚料理，與其說是加熱，用「加溫」這個動詞可能更為恰當。加溫後的鮪魚將會呈現令人驚訝的細膩口感。

① 將鮪魚肉清理乾淨後切成長寬 2 公分的厚丁。

② 將鮪魚丁放入鹽水中浸泡 10 分鐘後取出擦乾。

③ 將鮪魚丁放入玻璃罐中。

❹ 將橄欖油與所有的調味料加入放置鮪魚丁的玻璃罐中。

❺ 將玻璃罐蓋好，放入恆溫 42°C 的水槽中加熱 30 分鐘。

⑥ 簡單快速的醬料——將鮪魚玻璃罐中的油與韓式辣醬以 3 比 1 的比例混合，並加入兩種不同的芝麻混和。

⑦ 將鮪魚丁放進盤中，加上芝麻葉裝飾，最後淋上醬料。

你知道嗎？

有人說鮪魚是溫血的魚類，這個說法有一部分是真的。因為鮪魚有很大的運動量，能夠提高牠的體溫。較高的體溫也幫助了鮪魚抵抗深海的低溫。

直接加熱與間接加熱

烹調食物有時不是為了當餐食用，也許你想事先準備、保存，需要時再拿出來享用。

低溫烹調，尤其是將食物放在容器中加熱時，你可以選擇烹調後馬上食用，或是烹調後，先保存，之後再食用。與傳統烹調的差異在於，低溫烹調選擇「馬上食用」或是「保存到之後再食用」，必須配合不同的加熱方式——「直接加熱」或「間接加熱」。

若選擇烹調之後馬上食用，「直接加熱」是比較適合的加熱方式，若是想要烹調後先保存，那我們就必須了解「間接加熱」。先詳細地看看這兩種加熱方式的特色吧！

下方左圖是以 60°C「直接加熱」烹調的虹鱒魚，右圖則是使用 65°C ～ 80°C「間接加熱」烹調的豬腳。

直接加熱；即時加熱

低溫烹調要立即食用的料理時，可以盡量調整 T&T 以得到每種食材或每道料理最好的烹調成果。

這表示使用建議範圍內越低的溫度越好，這樣就可以盡可能保存食材最多的營養價值，與最多汁的口感。但是這道料理就不適合保存，因為不論是烹調的時間或是溫度都沒有到達能避免細菌在保存的過程中滋生的程度。

間接加熱

間接加熱的食材中心至少都會加熱至 65ºC，烹調時間最少要 30 分鐘，這兩項要素是保存食材時，確保食材衛生安全無虞的重點（請參考本書 108 頁）。

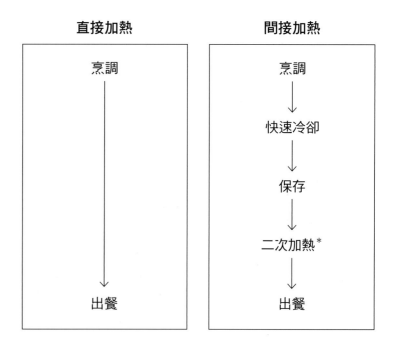

直接加熱	間接加熱
烹調	烹調
↓	↓
	快速冷卻
	↓
	保存
	↓
	二次加熱 *
	↓
出餐	出餐

---

* Regenerar 二次加熱：準備或是再加熱一道已經預煮過的食物。為避免過熱，二次加熱時的溫度不能超過食物第一次烹煮的溫度。

總而言之，兩種加熱方式最大的差別就是一種可以用來保存食物，另一種不行。因為使用的 T&T 數值不同，烹調的結果也會不同。另外還需要注意的是，並不是每種食材都可以在這兩種加熱方式中做選擇。讓我們再接著更詳細地解釋。

	直接加熱				間接加熱				
加熱溫度	50°C	55°C	60°C	**60°C**	**65°C**	70°C	75°C	80°C	85°C
魚		▓▓▓	▓▓▓		▓				
肉		▓▓▓	▓▓▓		▓▓▓▓	▓▓▓	▓▓▓		

雙重烹調法

在結束本章前，讓我們看看低溫烹調之後，如何使用高溫讓一道料理變得更完美，也就是「雙重烹調法」──合併「低溫烹調」與傳統的「高溫烹調」兩個技巧，擷取兩者的優點的烹調方式，可以使食譜中的每樣材料更增添色彩與美味。

沙朗牛排以雙重烹調法的範例。首先用舒肥法烹調，然後再快速地用高溫將牛排煎至上色。

直接加熱，尋找美食的價值

直接加熱最重要的目的就是將每種食材烹調至最完美的程度。要達到這個目的，必須非常仔細地調整烹調的時間與溫度，而且溫度不超過 65℃。

直接加熱時，不論是食材中心或是食材表面所受到的加熱溫度都非常溫和。在許多情況下，尤其是烹煮魚類時，與其說是加熱，不如說是在「加溫」。因為我們只是透過加熱的步驟使食材口感軟嫩罷了。

肉質鮮嫩而且短時間即可完成烹調的食材又更適合這樣的烹調方式。例如所有的魚類、禽鳥的胸肉、沙朗牛排、肋排或羊里肌。

在烹調比較容易熟的食物時，調整 T&T 的過程要特別謹慎，才能避免過度加熱。為了得到最完美的料理，一定要記得使用最接近食材中心的溫度加熱。

我相信到目前為止，你一定已經說了很多次：「好的，我知道了。要根據不同的食材調整適當的時間與溫度。但是，我怎麼知道什麼樣的時間與溫度才是正確的？」

因為低溫烹調的不同方法、成果以及 T&T 的數值設定都已經被深入研究過，所以很幸運的，本書提供了一些我們根據經驗整理出來的時間與溫度對照表，開始烹調時，便可以依照所使用的食材對照這些數值，做出美味的料理。

如果各位廚師想大膽嘗試新的時間與溫度值，本書也會提醒需要注意的重點，以及應該如何進行你自己的實驗。

時間與溫度對照表

食材	食材中心溫度	烹調溫度	烹調時間
魚類	50 ～ 60ºC	45 ～ 60ºC	8 ～ 20 分鐘
軟嫩肉類	三分熟（53 ～ 57ºC） 五分熟（57 ～ 62ºC） 七分熟（62 ～ 65ºC）	50 ～ 65ºC	10 ～ 25 分鐘
魷魚與花枝	55ºC	55ºC	20 ～ 40 分鐘
雙殼貝類	─	65 ～ 100ºC	2 ～ 6 分鐘
蛋類	60 ～ 65ºC	60 ～ 75ºC	10 ～ 60 分鐘

* 完整對照表請參考本書 319 頁。

如何找到最好的 T&T 設定

首先就是依照食材決定最好的烹調程度,同時決定是否要配合雙重烹調法。當然,廚師個人口味的喜好也要納入考量。

食材的中心溫度

在設定最適合的 T&T 時,首要的工作就是找到食材最理想的中心溫度。要找到食材中心溫度,有兩種方法:非常簡單的方法就是參考本書提供的對照表,另一個則是使用「探針式溫度計」,配合傳統的烹調方式,測量能夠到達食材中心的加熱溫度。

烹調溫度(食材表面溫度)

烹調溫度可以用以下兩種方式決定:
① 使用與理想食材中心溫度一樣的溫度。
② 使用比理想中心溫度稍微高一些的溫度(大約高出 5 ～ 10ºC)。

若是採用第一種方式,缺點就是烹調的時間會很長,而優點是,即使超過了理想的烹調時間,你也不太容易遇到過熟的問題。第二種方式烹調的時間相對縮短了不少,但是時間的調整上就要非常小心,以避免食物過熟。

烹調時間

烹調時間永遠都是根據使用的烹調溫度做調整,但是也可能因為以下幾點因素有差異:
• 食材的尺寸、大小與重量。
• 食材在烹調初始時的溫度。
• 需要烹調的份量。
• 使用的器具:電磁爐、烤箱等等。

要知道正確的烹調時間,你可以用本書提供的溫度與時間對照表當基準,然後再依照你的食材及需求做出調整。

在做調整時，建議使用探針式溫度計來計算需要多少時間才能達到你想要的食材中心溫度。如果沒有探針式溫度計，也可以分多次，配合不同時間加熱，再觀察哪一次的成果是最令你滿意的。

測量 T&T 實作範例

步驟	以沙朗牛排為例
❶ 尋找食材中心的理想溫度： 　a. 依照對照表（參考本書 319 頁）。 　b. 以傳統方式加熱，配合探針式溫度計測量食材中心到達理想熟度時的溫度。	a. 對照表指示：55ºC。 b. 食材的理想熟度依廚師喜好為標準，達到理想熟度時的溫度即是中心溫度。
❷ 烹調溫度的設定： 　a. 使用決定好的食材中心溫度即可避免過熟。 　b. 稍微高於決定的中心溫度可以較快速的完成烹調，但是會有過熟的風險。	a. 與食材中心溫度相同：55ºC。 b. 溫度稍高：65ºC。
❸ 依加熱使用的溫度去算需要多少時間才能使溫度到達食材中心。	a. 使用 55ºC 烹調，需要 22 分鐘才能讓食材中心到達 55ºC。 b. 使用 65ºC 烹調，需要 15 分鐘才能讓食材中心到達 55ºC。

想要計算最適合的加熱溫度或是需要多少時間，溫度才能到達食材中心時，可以將探針式溫度計插入食材中心測量。

薑汁醬燒清蒸虹鱒魚

高湯 85ºC / 10分鐘 | 虹鱒魚 60ºC / 9分鐘 | 1小時 | 簡易 | 四人份 | 魚、黃豆、麩質（醬油）

材料

- 已挑過刺的虹鱒魚排 4 片
- 洋蔥 1 顆
- 胡蘿蔔 1 根
- 韭菜 1 株
- 芹菜 1 片
- 生薑 1 個
- 香菜適量
- 醬油
- 羽衣甘藍
- 鹽水（100 公克鹽對 1 公升水）

你知道嗎？

醬油是透過黃豆與焙炒過的小麥發酵製成。雖然看起來每種醬油都是一樣的，但是醬油依照本身來自亞洲的哪個產地又可以分很多種，也各自擁有其獨特的味道、濃度及香氣。

這是一道色香味俱全的料理。我們將使用充滿蔬菜與薑的高湯，輕柔地烹調這道虹鱒魚，然後將魚著上漂亮的醬色，最後使用噴槍完成料理。高湯將賦予虹鱒魚美妙的香氣，使用噴槍又可將魚表面的醬汁燒至金黃，就像讓魚穿上一層晶亮的外衣。

① 將所有的蔬菜清洗乾淨後切成大塊。

② 除了羽衣甘藍之外，將所有的蔬菜放入鍋中，加水蓋上蓋子，以 85ºC 烹調 10 分鐘。

③ 高湯烹調完成之後，將生薑與香菜放入鍋中浸泡 5 分鐘，使其香味充分釋放。

④ 將虹鱒魚排放入鹽水中浸泡 8 分鐘後取出擦乾。

⑤ 將羽衣甘藍以滾水煮過之後再稍微炒過。

❻ 將高湯重新加熱至 60ºC，將魚排放入蒸籠，蓋上蓋子，以高湯蒸 9 分鐘（時間需要視實際情況調整，注意魚片不要蒸至全熟）。

❼ 蒸煮完成後，將魚排放入盤中，去掉魚皮，刷上醬油。然後使用噴槍將魚排表面快速燒灼上色，使味道更濃郁。

⑧ 裝盤時使用羽衣甘藍搭配魚排，加上一小碗的高湯做淋醬。

附註

建議去掉魚皮是因為這樣更容
易品嘗到魚肉的鮮嫩。同樣的
技巧也可應用在其他烹調時間
不太長,烹調所需溫度不太高
的食材,例如洋蔥、紅鯔魚、
沙丁魚或是甲殼類。

間接加熱的食物味道、口感與保存

如果不是馬上就要食用,而是想要做好之後先保存的料理,應該要使用間接加熱。如同先前所提,若想要安全的保存食物並且避免細菌滋生而使食物腐敗,食材中心溫度最少應達到 65ºC,加熱時間至少要 30 分鐘。因此我們提供的對照表中將會有一組是精準的時間與溫度控制,另一組則是需要長時間加熱的食材。

精準控制	長時間加熱
T&T:食材中心 65ºC / 30 分鐘	T&T:食材中心 65 ～ 80ºC / 2 ～ 48 小時
目的:確保加熱至可以安全保存的程度	目的:使食材軟爛並可安全保存
範例:雞胸肉	範例:牛膝

精準控制

因為食材本身的特性(軟嫩、尺寸、類型等)而需要低溫短時間烹調的食物,特別需要精準控制,例如雞胸肉、沙朗牛

需要至少 65ºC 的溫度才能烹調完成的食材,就會使用長時間加熱。例如圖片中的這些肉類:小雞、豬臉頰肉或羊腿。

排或大多數的魚類。但是為了食物保存的考量，我們仍然必須將這些肉類加熱至安全的溫度。

也因為這些原因，T&T 的調整特別重要，稍有不慎就可能使食物過熟。烹調魚肉時，如果要避免魚的肉汁收乾，建議使用液體作為媒介，能為魚肉製造一個濕潤的環境，避免過熟的情形。也就是說，如果因為保存的需要而要使用 65ºC 烹調魚類，最好將魚肉放在醬汁中加熱，例如蔬菜醬汁或蘇給（Suquet）醬（一種加泰隆尼亞的特色醬汁）。這樣的烹調方式有點類似傳統的燉煮，燉煮的料理在隔天仍會保持完美的狀態，甚至更美味。

要確定加熱達到安全的溫度，也就是溫度到達並維持在 65ºC，保持 30 分鐘以上，最有效的方法就是將探針式溫度計插入食材中心測量溫度。

長時間加熱

因為食材本身的特性而需要至少 65ºC 烹調，並且要經過較長時間才能使其結構鬆軟的食物，就需要使用長時間加熱的方法。

乳豬、羊腿、豬頸肉或豬腳這類食材，就需要至少 12 小時，甚至 24 或 36 小時才能烹調完成。

溫度的部分，這些食材大多使用 65ºC ～ 80ºC 的溫度烹調（詳閱本書 319 頁附表）。

硬韌的肉類，應該要配合較高的溫度與較長的時間來轉化蛋白質以得到軟嫩多汁的口感，至少必須是足夠使膠原蛋白明膠化的溫度（65ºC）。若是沒有到達這個溫度，肉類就不會變軟；但若過度加熱，明膠會黏合，蛋白質也會彼此黏接在一起，水分蒸發，使得肉質堅硬乾澀且失去原本的美味。

再次強調，雖然「長時間加熱」比「精準控制」具有更多烹調上的彈性，持續地調整 T&T 仍然是確保食物軟嫩多汁的關鍵。

「雙重烹調」或如何巧妙地完成
一道料理

「雙重烹調」指的是使用傳統的高溫烹調來使低溫烹調料理更完美的一種技巧。

目的是擷取兩種料理方式的優點，因為有些感官上的享受是低溫烹調無法完全滿足的，反之亦然。

使用低溫烹調時，不論烹調多長的時間，都無法使食物有金黃色的外表，也無法讓食物有酥脆的口感，因為這些特色都是高溫烹調的專利。因此若想要享受低溫烹調帶來的軟嫩多汁，同時看見食物誘人的金黃色澤、酥脆的表皮並品嘗更濃郁的味道，「雙重烹調法」就是必要的技巧。而要實踐雙重烹調法，又有兩種方式：

有時在低溫烹調前，可先將食材表面快煎上色（使用高溫）。

1. 低溫烹調前先將表面上色

使用傳統的烹調方式，將食材放在平底鍋或鐵板煎至上色，可以為食材增添香氣使料理更有味道。

在快速煎過食材表面後，使用調理袋包裝食材。在開始低溫烹調前，一定要先使食材冷卻：若是在有餘溫的時候將食材裝入調理袋，很可能會使食材腐敗。

用這樣的程序烹調出來的料理會非常類似一般的烤肉或紅燒肉，例如烤牛肉。

2. 低溫烹調完畢再將表面上色

首先將食材用低溫料理至軟嫩且完美的熟度，之後再快速地用高溫將表面上色以增添香氣及濃郁的味道，並使食物表層有香脆的口感。

雖然雙重烹調法感覺像是多了一道手續，但是我們可以把它當作是低溫烹調中，使料理層次更為提高的一個步驟。而且上色這個步驟不論是先做或是後做，都是非常快速的，因為使用高溫烹調的時間必須非常短暫。

雙重烹調法對於預煮食物也非常有幫助。例如我們可以預先低溫烹調後保存一道豬肋排，等需要的那天再將它取出，放置在烤肉架上快速地烤出金黃色澤。如此一來，既可嚐到低溫烹調才有的軟嫩肉質，肋排表面又有令人食指大動的酥脆外層，並傳出炭烤才有的獨特味道。

沙朗牛排先用真空烹調後，再快速地將表層上色。

德國豬腳

| ⊘ 65ºC / 24 小時或 80ºC / 12 小時 | ⊗ 24 小時或 12 小時＋1 小時收尾 | ⑪ 簡易 | ⊗ 四人份 |

⊙ 乳製品（馬鈴薯泥）

材料

- 600 公克豬腳 4 隻
- 鹽水 2 公升（100 公克鹽對 1 公升的水）
- 馬鈴薯泥 500 公克（請參考本書 333 頁）
- 德國酸菜 160 公克
- 肉醬 120 公克（請參考本書 333 頁）
- 油 25 公克
- 青蔥適量

這道德國豬腳要花費非常長的時間，但等待是值得的；而且除了等待，這道料理其實非常簡單。一點時間就能帶來很大的驚喜，做做看吧！

① 將豬腳放入鹽水中浸泡兩小時，取出擦乾後，放入調理袋中做真空處理。

② 將調理袋置入水中，以 65ºC 恆溫加熱 24 小時，或是以 80ºC 恆溫加熱 12 小時。烹調時間完成後，將調理袋取出冷卻。

③ 等到要食用時，重新以 65ºC 的水將調理袋加熱 30 分鐘。

④ 將豬腳從調理袋中取出，刷上一層油後置入烤箱中以 220ºC 烤 7 分鐘，使其上色。

⑤ 將豬腳、馬鈴薯泥、熱的肉醬與室溫的德國酸菜一起盛盤。

⑥ 以蔥花點綴即可上菜。

附註

豬腳必須與骨頭一起加熱才能保持風味。德國酸菜也可以用其他醃菜或是任何味道清新能去油膩的配菜代替。

美味又健康

德國酸菜是以發酵高麗菜所製成，含有豐富礦物質、維他命和纖維。而且熱量非常低。

低溫烹調與食物保存

為了保存食物而做預先烹調，或不小心煮了過多的份量而需要將食物保留到改天吃，此時必須注意下列這些食品保存的重點。

在本章節我們將會複習一些不論任何烹調方式都應該注意的原則，也會提供一些低溫烹調食物保存的重點建議。另外還有一段是專門解釋舒肥法烹調的食物保存。

基本注意事項

在每次烹調時，從烹調前的準備直到食物的保存，都必須注意一些基本規則，以確保食物的衛生安全並且避免微生物滋生。接下來就是基本的注意事項：

- **手**：開始準備食材前務必先將雙手清洗乾淨，在處理生食後以及其他時間點，只要有需要就必須再洗手。
- **工作環境**：確保工作檯與所有用具都是乾淨的。
- **清洗蔬菜與水果**：使用前須用大量的清水洗淨。
- **魚類請冷凍**：無論是要料理生魚，鹽漬魚，或是醃漬魚，都必須事先用 -20℃ 的溫度冷凍至少 24 小時，這樣才能確保寄生蟲，例如海獸胃腺蟲等無法存活。
- **立即食用**：只要食材是生的，半生熟或是使用低於 65℃ 烹調的料理，食材本身的品質就非常重要，而且一定要妥善的保鮮，一旦經過烹調最好能夠立刻或是盡量在短時間內食用完畢，保存時也務必要使用適當的容器包裝並放入冰箱內。尤其是肉類、蛋類與魚類要特別小心。

為了盡快達到冷卻的效果，水槽內可以裝滿水與數袋的冰塊。

保存食物的決定性因素

決定食物保存成果的好壞有許多原因。食物種類、新鮮度、保存條件、甚至保存食物的容器都包含在內。以下是成功保存食物必須具備的幾項要素：

- **種類**：不論傳統烹調、低溫烹調或是真空烹調，我們都必須了解有些食材是比其他食材更容易腐敗的。一片新鮮鱈魚的保存天數就不可能跟牛排一樣。

- **品質**：品質與食材的新鮮度有關，是保存食物的決定性因素。

- **正確的事先準備**：在開始準備食物前不能忘記前面提過的基本注意事項。

- **保持低溫**：這一點非常重要，尤其是在料理比較精緻的食材，例如魚類的時候。

- **安全的烹調**：要保存食物，烹調時食材中心溫度至少要達到 65ºC，而且時間必須維持 30 分鐘。

- **快速冷卻**：熱的食物必須在兩小時內降溫至 4ºC 才能避免細菌滋生。

- **冰箱冷藏**：將食物放入適當的容器內冷藏，並標上食物名稱與日期。

- **冷凍**：食物若想保存超過四天，建議使用冷凍。

在料理精緻的食材，例如魚類時，一定要注意讓過程保持低溫——圖中的鮭魚即是浸泡在冰的鹽水中。

低溫烹調的食物保存

你已經知道要妥善保存料理過的食物，必須讓食材中心的溫度達到 65ºC 並維持加熱至少 30 分鐘，但是我們必須澄清一點：本書中所提到的「保存」，並不是指長時間或是專業的食物保存，因為烹調的主要目的是要得到食物最好的質地與味道。還有非常重要的一點是，為了延長食物的保存期限與正確的保存食物，我們還要注意到許多在居家廚房中不可控制的因素。

可以保存多久？

保存低溫烹調的食物時，這是其中一個最常被問的問題。

扣除以上提過的注意事項，這個問題其實沒有肯定的答案。相信你也已經發現要考慮到的重點很多，除了低溫烹調要注意的各項因素以外，還有高溫與低溫烹調都要注意的共同事項。不過不論使用傳統方法燉煮或使用低溫烹調或使用間接加熱，冷藏食物的保存時間大約都在三到五天之間。

如果沒有要立即食用，將食物快速冷卻是非常重要的。

不是所有的食材都能用真空
保存，其保存效果會因食材
不同，而有顯著差異。

真空烹調的保存方式

談到真空烹調的時候，我們馬上會想到真空包裝可以將食物
的保存期限延長。的確，真空包裝對所有的食物保鮮都很有
效，也是食品工業使用多年的方式，但是這不能和我們在家
裡的真空烹調相提並論。在使用真空包裝保存食物之前，你
必須先了解短時間或長時間保存真空烹調料理的基本知識。

本書將會強調短時間的保存，因為真空包裝保鮮會有許多一
般家庭無法達到的條件與要求。因此你必須知道真空包裝不
是延長食物保存期限的萬靈丹，不是所有的食物都能用真空
保存，而保存的成果因為食材的不同也會有差異。讓我們詳
細地來看居家廚房的真空保存會有哪些限制。

為什麼真空保鮮在一般家庭不容易成功？

真空的基本概念就是將包裝裡的氧氣完全去除，使大部分微生物無法繁殖。但非常重要的是，雖然這樣可以使微生物無法繼續繁殖，卻不代表能夠去除所有的微生物。也就是說，「真空」能夠降低細菌滋生的能力以利食物保存，但是卻不能殺死細菌。另一方面，我們說的是去除「大部分」的微生物，並不是全部！缺乏氧氣能夠使需要空氣的細菌（嗜氧菌）無法生長，但是還有其他的細菌（厭氧菌、兼性厭氧菌或微需氧菌）是專門存活在沒有氧氣的狀況下。對於這類的細菌，真空包裝剛好變成完美的生長環境。

食品工業了解這類相關知識並且具備能夠抑制各種細菌在真空包裝中生長的工具，所以能夠確保真空包裝食物保鮮的安全。但是一般家庭的廚房並沒有辦法做到這麼完善的控制，所以必須經過一系列不可或缺的步驟，才能讓食物保鮮安全無虞。

真空烹調與食物保存的基本注意事項

接下來是當我們決定使用調理袋進行真空烹調，並在烹調後將食物保存時，一定要遵守的重要事項。

- **新鮮的食材**：放入調理袋的食材要盡可能的新鮮，若是食材不夠新鮮，放入調理袋可能會加速食材腐敗。

- **低溫包裝**：包裝時要確保食材是低溫狀態（不可超過 10ºC），包裝速度要快並且不要過度碰觸（工作檯表面及雙手要非常乾淨，絕對不要碰到袋內）。

- **貼標籤**：想要正確的保存食物，一定要標上包裝的日期、預計到期日與食物名稱（如果要冷凍也一樣）。

- **穩定的冷藏**：要適當的保存食物，冰箱的冷度要穩定地保持在 3ºC 以下。若是無法有穩定的冰箱溫度，則必須考慮減少保存天數。

真空包裝的食物保存時間

之前提到，要指出一個確切的保存天數是不可能的，因為我們總是必須考慮各種可能影響到保鮮處理過程的因素。不論如何，這裡還是提供了一個參考表，讓你知道哪些食物可以用真空保存，以及大致的保存期限，這些參考表中的食物都有按照先前提過的衛生及安全注意事項準備。

食材類型	食材	保存特色	觀察
蔬菜與水果	蔬菜	不建議用真空保鮮鮮，冷凍則例外。	不建議蔬菜做真空保鮮因為許多蔬菜（例如葉菜類）需要氧氣才能良好保存。
	水果	不建議真空保鮮水果。	
肉類與香腸	肉類	3 〜 5 天。	
	香腸	依香腸種類的不同從 3 〜 15 天不等。	
起司		還在熟成的起司不建議真空包裝以免影響熟成進度。其他的起司根據種類不同可保存 3 〜 15 天（新鮮乳酪或硬質乳酪）。	
魚類與海鮮	魚類	新鮮魚類不建議真空冷藏，除非能夠確定冷藏溫度穩定在 3℃以下。	相反的，真空冷凍魚類是很好的保鮮方式，因為包裝能避免魚類凍傷，且不會因為冷凍而脫水。
	海鮮	不能真空包裝保存。	
已完成的料理	燉滷、紅燒、烤、醬料	若是烹調注意事項都有正確執行並快速冷卻，可以保存七天。	如果想要延長保存期限，建議冷凍，需要食用時再解凍。

廚房設備與使用器具

工欲善其事，必先利其器。若是沒有適當的工具，烹調就無法成功。

每種烹調方式都有其配合使用的用具，雖然料理的結果不完全取決於工具，但是沒有適當的工具，一道料理就很難成功。在開始低溫烹調前，你一定會需要增加一些新的設備。提到低溫烹調，大家會聯想到的就是精準、穩定、可靠、溫和……，但是你會需要新的器材才能夠得到理想的結果。下列為低溫烹調所需要的設備以及工具的介紹。

這些設備可以在一般的家電行找到，它們能夠提供低溫烹調所需要的準確性，而用具則能讓你更輕鬆地掌握烹調過程。

設備

- 烤箱
- 沒有溫度控制的設備
- 慢煮鍋
- 恆溫水槽
- 溫控電磁爐

用具

- 溫度計與計時器
- 包裝容器
- 其他

烹調設備

使用適合的器材、穩定的溫度與固定的時間烹調，便能將食譜發揮到最完美的境界。

就與大多數的烹調一樣，低溫烹調也是透過「熱」的傳遞來料理食物，而要執行低溫烹調，有許多方法——使用不同種類的設備或機器，不論是哪種設備或機器都有共通點，就是能夠準確地控制溫度。

在低溫烹調的方法中（請參考 64 頁）有介紹過，低溫烹調可以將食材直接浸入液體中，或是先包裝，再浸入水槽；乾式的加熱可以用烤箱，或是蒸煮。不論哪種方式，都有其相對應的設備與用具。

低溫烹調當然也可以不使用溫度計，例如蒸煮或是使用多功能烤箱，而廚師本身的經驗也是料理成功與否的關鍵，但還是建議使用溫度計。因為藉由溫度計去烹調，料理的成果會是固定的。如果習慣使用適合的器材、穩定的溫度與固定的時間烹調，毫無疑問地能夠將食譜發揮到最完美的境界，而且不論操作幾次，都會得到一樣完美的成果。

在專業的廚房中，我們經常使用恆溫水槽或是烹調用水槽以及蒸氣烤箱來做真空烹調。

但是對於一般家庭來說，最好的設備就是一台溫控式的電磁爐。它既不占空間，價格又實惠，用途廣而且能夠用簡單實用的方法控制 T&T 的設定。

烤箱

烤箱不論對高溫或低溫烹調來說都是非常實用的選擇。現在的烤箱設計都很精準而且配備許多控制選項。功能最齊全的烤箱甚至配有蒸氣功能。但是也別忘記因為是透過空氣加熱，在烹調時的溫度也比使用液體來得高（請參考325頁）。

配備外接式溫度計的烤箱。

如果設備沒有溫度控制的功能，也可以使用溫度計配合加熱至需要的溫度。

沒有溫度控制的設備

我們可以試著使用較低的溫度，持續地手動調整溫度設定，並配合溫度計烹調，但是這樣的加熱溫度很難保持穩定一致，而且需要廚師在旁邊寸步不離地監控。所以這個方式可以用來烹調需要到達一定溫度，但是時間不用維持太長的料理。

如果要到達 100ºC 那就容易多了，因為你只需要達到沸騰狀態，而且任何傳統的加熱工具都可以使用（明火或是電磁爐）。這很適合用來烹煮蔬菜、醬、豆類和穀類，或是做 100ºC 的蒸煮，而在這個情況下也會需要蒸籠。

慢煮鍋

慢煮鍋是一種可用小火加熱多個鐘頭的電鍋。

它主要是由兩個零件組成：金屬的底座，可耐不同的熱度（高溫、中溫、低溫），有時候附有溫度與時間控制的功能，另一個部分則是陶瓷或金屬材質，也就是鍋子主體，通常是橢圓形，並且附有透明或暗色的蓋子，也可以直接用這個鍋子盛裝料理上菜。

在歐洲及美國非常流行，適合小火長時間烹調，不用擔心料理沾鍋，也可以在工作、睡覺或離開家時設定自動烹調。雖然沒有溫度控制的功能而且烹調不是那麼精準，在長時間的烹調中仍然是非常實用的選項。

專業恆溫水槽。

恆溫水槽

這是一種透過電阻發熱的設備，有時還配備「攪動」功能，能使水槽內的水溫一致。在專業廚房的低溫烹調過程中非常實用，現在市面上也可以找到家用版。

溫控電磁爐

這台小小的機器是在一般家庭廚房中做低溫烹調的最佳夥伴。它其實就是一台電磁爐，只是不像一般電磁爐只能控制火力大小，這種電磁爐能夠以「ºC」為單位，一度一度地設定調整溫度。

溫控電磁爐也配有溫度計，只要將它放入鍋中就可以確認鍋內液體的溫度是否穩定保持在設定的烹調溫度。

另外它還配有探針式溫度計以便測量食物中心的溫度。不論是烹調食材的外部溫度或是食材中心的溫度都能兼顧。

溫控電磁爐。

可別忘了溫控電磁爐不只適合低溫烹調，高溫烹調也可以使用，而且你可以清楚地知道烹調時使用的溫度。這對於製作料理來說非常實用，例如要油炸食物，你可以透過溫度計調整，使用 180℃ 油炸。這是世界衛生組織推薦最安全的油炸溫度，只要不超過這個溫度，油品就不會變質也不會產生對健康有害的物質。

使用溫控電磁爐來隔水加熱、將食物保溫，或調整奶油槍噴出的泡沫溫度，都能得到很好的效果。溫和地二次加熱真空包裝、玻璃罐裝或是一般包裝的食物，甚至加熱或將奶瓶保溫也都很適用。

由以上幾個例子就可以知道，溫控電磁爐在烹調的應用上非常地廣泛。

- **真空烹調**：只要將鍋子裝滿水並設定水的溫度即可。
- **水煮**：若是要做高湯可以設定在 80℃，蛋類 65℃，魚類 50℃，蔬菜則是 80℃。
- **油煮或滷**：若是要做油封、水波煮以及滷，都可以設定較低且精準的溫度。
- **醬煮**：透過醬汁烹煮是低溫烹調魚類非常推薦的一種方式，青醬鱈魚可以設定在 60℃，Pil Pil 醬汁香蒜鱈魚則建議使用 50℃ 烹調以確保膠質不流失。
- **蒸煮**：蒸煮可以配合溫度計，並使用不同的液體（水、紅酒、高湯等）蒸發的蒸氣烹調。

醬煮。

真空烹調。

水煮。

用具

若想嘗試低溫烹調並發現更多的訣竅，有些用具是不可或缺的。例如溫度計與計時器。若是沒有這兩項工具來控制溫度與時間的數值，怎麼能夠掌握低溫烹調呢？另外還有一個非常重要的用具：包裝容器。很多低溫烹調技巧都會使用包裝容器，以避免食材直接接觸熱源。下列將解釋目前在市面上有哪些可以使用的包裝容器，並推薦給你一些口袋名單。最後將補充其他可以讓烹調過程更輕鬆的用具。當然，每個廚師也都有自己的烹調方式，也會有依自己習慣及喜好優先準備的器材。那麼，先看看我們的建議吧！

溫度計與計時器

這兩樣是「絕對」要準備的。有了這兩項工具，你才能夠客觀而準確的烹調。溫度與時間是低溫烹調最重要的基礎。

溫度計

溫度計可以用來測量加熱用的液體的溫度，也可以測量食材中心溫度。有了溫度計的客觀數字，才能夠正確的調整適當地加熱溫度。有些溫度計配有探針可以插入食物中測量溫度。

閉孔泡沫
（espumas de cocción / closed cell foam-tape）

這是一種食用級的泡沫，可以黏在真空包裝袋的外面，這樣溫度計的探針可以插入至食材中心但是包裝的真空卻不會被破壞。

計時器

它會提醒我們料理完成的時間。因為真空烹調的過程中，你無法聞到味道，無法品嘗或觸摸在包裝袋中的食物。因此計

時器與溫度計在操作食譜的過程中，擔任了負責指引每個步驟的重要角色。

包裝容器

善用容器可以提供料理更多的可能性，而且在烹調過程中也有非常多的優點。例如，在加熱時食材的養分與味道不會流失，既實用又衛生。

通常我們會使用塑膠容器，可能是調理袋或是硬質容器，例如罐子或調理盒。這也是低溫烹調最有爭議性的一個部分。請不要太緊張，如果你使用的器材不耐熱，當然會有其危險性——就像使用微波爐一樣。只要我們謹慎地選用適當的容器，就不用擔心。

烹調一般會使用兩種容器：調理袋和罐子（玻璃和塑膠都有），不一定都可以使用在真空烹調。最重要的前提是它們必須是烹調專用的調理袋和罐子，讓我們來看看這些容器與一般保存食物用的容器有甚麼差別。

調理袋

調理用的袋子與一般食物保鮮用的袋子不一樣。保鮮袋的設計不能夠使用在烹調中，其耐熱程度可能不夠，繼而威脅到食物的安全性。

要分辨兩者的差別，只要注意圖示，烹調專用的調理袋通常會有耐熱溫度標示。

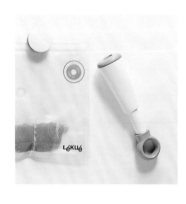

相反地，烹調用的調理袋可以用來保存食物，它與保鮮袋的差別只是稍微貴了一些。調理袋可以用在真空與非真空的烹調。但是有些不同的注意事項要遵守。

- **真空烹調**的調理袋使用方式有以下兩種：
  a. 使用壓紋真空袋及家用真空封口機。
  b. 使用本身附有真空閥的調理袋，手動抽真空。

如果要使用家用的真空封口機，請注意一定要配合用「壓紋真空袋」，這種特殊的袋子裡面有條紋以利空氣排出。

至於較常在餐廳使用的鐘罩型真空機因為其價格昂貴，尺寸也比較龐大，一般家庭較少見，壓紋袋或無紋路的調理袋都適用於這樣的機器。

現在市面上也有一種夾鏈袋，袋上附有真空閥，可以使用手動幫浦抽真空。這很適合一般家庭使用，既簡單又經濟，而且效果也非常不錯。

- **非真空烹調**的調理袋可以用來做非真空的烹調。但是根據我們的經驗，它並不適合放入水槽中做低溫烹調。因為袋中留有空氣，導致袋子會漂浮，無法完全浸入水中，使得食材無法均勻受熱。

無紋路的調理袋（左）及壓紋真空袋（右）。

瓶子與罐子

用瓶子或罐子當容器時，選擇非常多。即使不是真空專用，烹調可用的瓶罐就有許多種，而且有不同的密封方式：旋蓋、壓力排氣密封、扣環式密封、密封圈與夾子等，甚至還有容器配有含真空閥的蓋子，可以手動用幫浦抽真空。這種可抽真空的容器，一般是用來保存食物，但是有一些也可以用於烹調。

另外，如果烹調後會立刻食用，任何一種玻璃容器加上紙膜或特製矽膠膜都可以用來烹調食物。

玻璃容器因為低溫烹調，將獲得新的生命，並提供極大的用途。

玻璃罐，烹調的好朋友

玻璃容器在很久以前是最常被使用的廚具，現在因為低溫烹調，它即將獲得新的生命，並提供極大的用途。一方面，玻璃容器可重複使用，而且與真空罐不同，它不需要任何其他的配件即可提供烹調的穩定度，另一方面，先不談安全性的問題，玻璃容器有非常多的功能：它既可作為包裝容器，亦可作為模具，還可以當作盛裝菜餚的容器使用。

瓶子與罐子（玻璃材質或可加熱的塑膠材質）在做以下這幾種料理時都是很好的選擇：優格、奶霜醬（烤布蕾、布丁、卡士達醬）、醃漬物、糖漬水果、蜜餞及果凍、豆類、穀類、鵝肝醬派、滷或油封料理。

但在將食物裝入容器烹調前，有些衛生安全事項需要注意。

加熱過程中，可在鍋中鋪上多孔矽膠膜保護裝有食材的瓶罐。

使用瓶罐烹調的注意事項

- **煮沸瓶罐**：在使用前，以沸水將瓶罐煮 5 分鐘消毒殺菌。

- **確認瓶蓋狀態**：沒有碰撞、生鏽或磨損。

- **填滿**：將罐子填滿是很重要的一個步驟，它可以確保瓶內沒有殘留空氣影響保存期限，也可以避免瓶子在加熱時從水槽浮起。

- **保護容器**：記得要在烹調器具的內部鋪上一層耐熱多孔的烹調用矽膠膜，才能保護瓶罐不會在加熱時因震動或與烹調器具碰撞而破裂。

- **調溫**：在加熱完成後，要稍等一段時間使瓶罐降溫後才能放入冰水中冷卻，因為劇烈的溫度變化可能會讓瓶子裂開。

- **正確的冷卻**：在加熱時間完成而且溫度已經到達食材中心時，就要進行冷卻。所以要預先準備好夠冷的水。可以使用冰塊調節水的冷度。

其他補充用具

有些配件可以簡化烹調的過程，使料理的執行更有效率。以下介紹的是：夾子、充填架、烹調袋、靜置容器、烤肉架、蒸籠、量匙與蓋子。

靜置容器

可以提供肉類一個穩定的靜置環境，內部有一個小的架子使肉類與其靜置時滴下的汁液分開。另外，它防水而且可保持肉類靜置時的溫度，使肉類更軟嫩多汁。

烤肉架

在使用烤箱烹調時非常實用。烤肉架能夠讓熱氣充分地循環，接觸到食材的每個部分，而烤盤則會阻擋熱氣，無法達到均勻的烹調成果。如果使用烤肉架盛放食材浸入液體中加熱，完成後也可以經輕鬆地將食材取出，並過濾掉液體。

夾子

小夾子可以夾在真空調理袋上，以便輕鬆地從鍋子中找到每袋料理，並將所需的調理袋從水中取出。

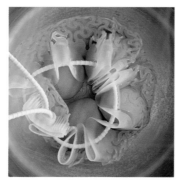

烹調袋

在保護食材上非常實用，例如烹調蛋、穀類或是蔬菜時。而且不論將食材放入或取出水槽都很方便。

蒸籠

有以竹子製作的傳統蒸籠，也有新式的矽膠蒸籠，不論哪一種，若是你決定要蒸煮食物，蒸籠就是不可或缺的用具。

充填架

有時候要將食材放入調理袋中不是那麼容易，尤其是要烹調量很大或是要烹調液體的時候。充填架可以使料理的準備過程更輕鬆，還能保持廚房的整潔。

量匙

測量液體、麵粉、鹽巴及其他食材時，有不同的工具。其中一個用來測量少量食材的實用工具就是不同大小的量匙組。這個工具在調鹽水時特別好用。

蓋子

低溫烹調常常需要較長的加熱時間。不論是使用沸水或是恆溫水槽，為了避免水分蒸發，都應該使用蓋子。

4

使低溫烹調達到最佳成果的
祕訣

以甜菜根汁液滲透的洋蔥。

不論是哪一種「冒險」，只要計畫得宜並充分準備，成功的機率就是比較高。烹調也是一樣。好的組織與預先規劃通常是料理成功的關鍵。從出門買菜的菜籃到上菜前盛裝的細節，每一個過程的步驟都有其必要性。

本章節將會告訴你如何妥善地事先規畫一道食譜，並示範讓一道低溫烹調料理更出色的技巧，尤其是真空低溫烹調的部分。當然也會告訴你使料理更上一層樓的小祕訣，例如：鹽水、保鮮液、真空浸漬（滲透）、脫泡、刻意的過熟、特殊醃漬、壓縮密合、從冷凍狀態烹調及冷凍液體等。

也許這將是你第一次接觸到這些技巧、祕訣或作法，別擔心。這些程序都很簡單，我們會透過食譜解釋，讓你可以從實做中學習，之後也可以依照個人喜好做調整。

鹽水

要使食材有鹹味，傳統會在食材上撒鹽，或是用鹽覆蓋一段時間，使食材不只有鹹味還能達到一點熟度，或是我們也會將食材浸入含有鹽的水中，這就是「鹽水」。

肉與鹽水

鹽水對於肉類來説是很有趣的東西，因為浸泡鹽水能夠鎖住肉類的原汁，使肉類在烹調時更多汁。另外泡鹽水也能去除一些肉類本身不好的或是太強烈的味道。

在本書的食譜中有很多料理都會經過浸泡鹽水的處理。這是我們非常喜歡的一個方法，一來，鹽水能夠使鹽分均勻地包裹住食材，另一方面因為浸泡在鹽水中的食材水分流失較少，烹調後也會比較多汁。

而且因為調配鹽水需要仔細測量鹽與水的比例，食材浸泡一段時間後，我們就能夠確定它已經均勻地調味過，不用擔心鹽放太多或太少，或是手可能濕濕的而捏了一大撮鹽，或是其他可能在烹調中發生的小意外而導致料理太鹹或太淡。

準備鹽水

通常鹽水中有 10% 是鹽巴，也就是説每一百公公克的鹽就要配上一公升的水。必須確認鹽巴有徹底溶解，鹽巴溶解後，應該將鹽水放入冰箱保存。然後食材即可浸泡到冰的鹽水中。鹽水要保持冰冷才能確保食材的新鮮與品質。

食材浸泡鹽水的時間依食材大小，當然還有廚師本人喜好而定。底下是一個小表格可做為浸泡鹽水時間的參考。

食材	浸泡時間
薄片的魚 / 沙丁魚 / 鯖魚 / 比目魚	5～10 分鐘
高品質的魚類 100 / 150 公克	10～15 分鐘
魚排 / 沙朗牛排	10～15 分鐘
雞胸肉	30 分鐘～1 小時
小雞	1 小時
牛膝 / 牛舌 / 全雞	2 小時

做鹽水的步驟

❶ 使用攪拌棒或攪拌器將鹽溶解在水中（100 公克的鹽對 1 公升的水）。也可以將水煮滾以便鹽分快速溶解，但是注意不能煮沸太久，以免水分蒸發而使得鹽水濃縮。若有將水煮滾，也要將鹽水冷卻的時間計算進去。

❷ 將食材浸泡到鹽水中，切記鹽水必須是冰涼的。

③ 根據食材的尺寸及種類浸泡適當的時間。

❹ 將食材取出，用紙巾輕壓吸乾鹽水，然後就可以進行烹調了。

附註

如果使用的鹽很粗，可能需要將水煮沸才能夠使鹽充分溶解。另外也可以加入糖水、蜂蜜或香草來替食材增添風味。

保鮮液

在餐飲業中，我們會使用液體來為食材增添香氣、味道與濕潤度，這種液體也兼具為食材保鮮的功能，我們稱它為「保鮮液」。

例如某種醬料，或是香料油、一種醋或滷汁。舉一個更簡單的例子，浸泡在糖漿中的鳳梨，保鮮液是什麼？答案非常簡單。在這個例子中，糖漿有兩個功能，一來可以增添鳳梨的風味及保濕，糖漿除了使鳳梨更香甜之外，並可使環境轉為偏鹼性，發揮保鮮作用。

要讓保鮮效果好，保持食物的濕潤是很基本的。使用液體保存食物可以讓食物不會乾燥並且保存在安全的環境中──這裡所謂的安全並不是停止細菌生長的意思，而是指能夠使食物保持濕潤。例如，假設你在準備一份明天才要食用的牛肉，你覺得乾煎與放在醬料中烹調，哪一種比較合適？

在使用真空烹調的時候，尤其是使用家用真空包裝機時，千萬要記住，不能在調理袋中包裝液體。因為當你在抽真空時，機器會把液體一起抽出而損壞。因此當我們需要使用液體做真空烹調時，一定要先將液體冷凍，需要烹調時再將冷凍的液體冰塊放入調理袋中（請參考本書 162 頁）。

不同保鮮液的主要特色或用途

加強味道	增加濕潤度	幫助保鮮	範例
醬料	醬料		青醬、醃醬、蔬菜醬
油		油	香草香料油
香料水	香料水		浸泡汁、高湯、濃湯
酒精		酒精	紅酒、氣泡酒、烈酒
醋		醋	滷汁、醋
糖漿	糖漿	糖漿	──

醃漬料理

在這裡的「醃漬」不是指食物保存，而是讓低溫烹調後的料理帶有淡淡的酸味。

雖然大部分的時間如果講到「醃漬」都是指使用鹽或酸的物質例如檸檬、紅酒、醋來作用，讓生的或熟的食物可以達到長時間保存的效果，但這裡要介紹的是，使用一點點溫和的酸味來為料理增添風味，特別是蔬菜類的料理。

醃漬步驟

① 清洗食材。

② 將食材加入滾水中滾煮 10 秒～ 1 分鐘。

③ 將食材從水中取出瀝乾並冷卻。

❹ 將食材與酸味醃漬液一起放入真空調理袋或瓶子，並加入香料（香草、香料等）。

❺ 將調理袋或瓶子放入水槽中以恆溫 85℃ 加熱 1 小時。

⑥ 冷卻。

這樣的醃菜將帶有新鮮的口感以及濃郁的香味，即使是一道前菜也能令人驚艷，同時也可以做為其他料理的配菜。醃漬料理也可以透過不同的蔬菜組合、醋、香草及香料而有不同的變化。

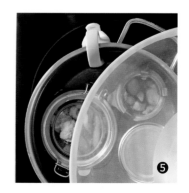

酸黃瓜沙拉

🌡 85°C / 45分鐘～1小時 | ⏲ 2小時 | ▥ 中等 | 👤 四人份

材料

- 迷你胡蘿蔔 8 根
- 小黃瓜 4～8 根
- 雞油菌 80 公克
- 水 250 公克
- 花椰菜 100 公克
- 夏多內酒醋 75 公克
- 鹽 8 公克

油醋醬

- 洋蔥 1 顆
- 胡蘿蔔 1 根
- 橄欖油 50 公克
- 夏多內酒醋 10 公克
- 鹽與胡椒適量

沙拉

- 櫻桃 8 顆
- 紫萵苣 1 顆
- 西洋菜適量
- 小甜菜根葉數片
- 櫻桃番茄適量

美味又健康

所有的蔬菜水果都含有豐富的纖維質、維他命和礦物質。這道料理中的紫萵苣又比其他蔬菜含有更多的抗氧化物，不僅保護心臟與神經健康，還能預防糖尿病及骨質疏鬆。

這道料理提供給不認識酸黃瓜的人，它基本上就是將蔬菜浸泡到鹽水、醋水或其他酸味液體中。這個食譜中介紹的酸黃瓜，味道不像一般酸黃瓜那麼強烈，而且依然保留蔬菜新鮮的口感。

酸黃瓜

① 先將水、鹽與醋混和做為醃漬基底。

② 將蔬菜清洗乾淨後切成不規則狀。

③ 將各種蔬菜分開以滾水煮 1 分鐘後冷卻。

④ 將煮好的蔬菜與醃漬液一起放入玻璃罐中。

⑤ 將玻璃罐蓋好，放入恆溫水槽中，以 85°C 烹調 45 分鐘～1 小時。

⑥ 烹調完成後將玻璃罐取出冷卻：從熱水中取出玻璃罐後，要先將其靜置幾分鐘，等溫度稍降後再將罐子放入冰水槽冷卻。

油醋醬

① 將洋蔥與胡蘿蔔切小丁。

② 將橄欖油、醋與做法 1 混和，再以鹽巴與胡椒調味後盛好備用。

沙拉

① 將番茄與櫻桃切小塊或小片。

② 將紫萵苣一瓣一瓣剝開切成長條。

盛盤

① 依序將番茄、櫻桃、紫萵苣、甜菜根葉及西洋菜放入盤中，再加上酸黃瓜。

② 淋上油醋醬即可。

附註

這類微酸的醃漬方式適用於各
種蔬菜，而且與肉類、油封花
枝、煙燻沙丁魚以及其他魚類
料理都很好搭配。做為以上料
理的配菜時，建議醃菜的溫度
以微溫為佳。

真空浸漬（滲透）

使用「真空浸漬」的方法，可以將液體食材的味道滲透到另一項食材中。通常作法是使用手動幫浦抽真空，讓液體填滿固體食材的孔隙，使固體食材擁有新的味道、顏色與口感。

會採用這種技巧料理的固體食材通常是孔隙較多的水果或蔬菜，這樣比較容易使水果或蔬菜從裡到外吸滿汁液。

「浸泡」水果或蔬菜使其得到新的味道當然也是一種方法，但是浸泡會使蔬菜水果的口感變得軟爛，而且需要花費較長時間才能完成。「浸泡」和「真空浸漬」最大的差別就是在於「真空浸漬」可以一邊使食材快速入味，同時又能維持食材本身的口感。

方法很簡單，你只需要一個附有真空閥蓋子的容器，以及一個手動真空幫浦，將食材與液體放入容器內，把空氣抽出，這樣液體就會立刻取代被抽掉的空氣，填滿食材的孔隙。

真空浸漬（滲透）步驟

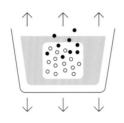 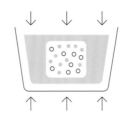 

① 將有孔隙的固體食材放入容器，用液體覆蓋住食材。

❷ 將容器蓋上，反覆抽真空以抽出食材孔隙中的空氣。因為空氣被抽出，食材的孔隙會暫時空出來。

❸ 打開蓋子時，外部空氣的壓力會讓液體瞬間滲透進食材，填滿孔隙。

❹ 重複兩到三次一樣的步驟，使食材完全被液體浸透，就像海綿吸飽水一樣。

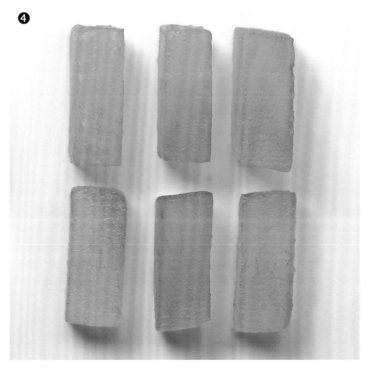

浸漬液

液體滲透固體食材的例子無窮無盡，此處先提供三個不同特性的範例，如果你有別的點子，千萬不要猶豫，就放手去實驗吧！

- **近似性**：松露油浸漬香菇。
- **對比性（甜／鹹）**：火腿油浸漬哈蜜瓜（使用低溫將伊比利火腿的油脂與葵花油融合）。
- **色彩**：甜菜根汁浸漬哈蜜瓜。

以下還有幾種可能的組合：

- **油類浸漬**：蝦與香料油、生薑或芝麻。
- **醋類浸漬**：洋蔥或小黃瓜與紅石榴醋。
- **糖漿浸漬**：鳳梨與糖漿。
- **酒品浸漬**：櫻桃與杏仁香甜酒；哈蜜瓜與摩奇多酒；番茄與伏特加（血腥瑪麗）。
- **果汁浸漬**：草莓與草莓汁；哈蜜瓜與柳橙汁。
- **其他**：鳳梨與印度甜酸醬（Chutney）。

將洋蔥切為長條狀，然後用甜菜根汁真空浸漬。

脫泡（脫除氣泡）

這個技巧或者說是訣竅，對於想要使液體料理的成果更出色時，非常地實用。它能夠幫助去除液體內的空氣以確保料理的穩定成果。

舉例來說，「脫泡」可以用來消除融化的巧克力醬裡的泡泡，以便製作成巧克力或蛋糕，也可以讓加了玉米糖膠（一種能夠增加濃稠與穩定度的食品添加劑）的湯汁更漂亮，因為玉米糖膠加入湯汁後，經過攪拌混和的過程會導致湯汁表層充滿泡沫，經過脫泡程序後，湯汁表面會平滑透明。脫泡也可以用在有加蛋的醬料，或是布丁的攪拌液中，使外觀更好看。過程相當容易，只需要一個蓋子附有真空閥的容器以及一個手動真空幫浦，將液體放入容器內，把空氣抽出即可。

櫻桃醬透過脫泡技術去除醬汁裡的氧氣。

刻意過熟處理的梨子，口感軟爛
卻保有其原味。

刻意的過熟處理

過熟通常都只有在烹調過程出錯時才會發生，也常常被當作料理的缺點。但是我們在之前的章節已經提過，透過低溫烹調的「刻意過熟」可以成為一些特殊需求的解決方法。

一般來說，如果在傳統烹調的過程中食物因為高溫加熱而過熟，食材經常會嚴重的走味，而且因為食材本身的特性，也有可能變得太軟或是變乾。但是假如使用低溫烹調將食材烹調超過建議的時間，但依舊保持一樣的低溫，即可得到以下兩種有趣的結果：

刻意過熟以萃取食材的汁液

將食材固體跟液體分開，就可以使用食材的汁液做其他烹調用途。

刻意過熟以使食材軟爛

使食材結構變得非常柔軟，卻又不失其原味，就可以輕鬆地將食材打碎，或是得到軟爛容易吞嚥消化的料理。

要使用低溫烹調做過熟的料理，通常會配合真空處理，但是也有其他的方式可以得到類似的結果，例如隔水加熱。

將鱈魚頭的膠質完全萃取出來以料理 Pil Pil 醬汁。

刻意過熟以萃取食材的汁液

以舒肥法長時間烹調,基本上可以分離出食材所有的汁液,得到充滿滋味的美味高湯。

若是取一些熟透的草莓並將其真空包裝後隔水加熱,一段長時間過後你將會看到草莓開始破碎,同時會流出像醬料般,香味非常濃郁而且帶著強烈新鮮草莓香的汁液。

還有一個例子就是烤的青椒或洋蔥。過度烹調之後的青椒或洋蔥會流出美味的汁液,一方面因為烤過而有濃濃的香味,如果將其絞碎又能得到濃厚的蔬菜泥。即使因為烤的過程會流失一些水分,卻不會失去美妙的滋味。

這個技巧也很適合用來萃取魚頭或是魚骨的汁液,以過熟的方法將其汁液萃取出來,能做為各種醬料的基底。若是使用是充滿膠質的魚類,例如鱈魚,就能萃取出可以與油品乳化的完美基底醬,即可做出美味的 Pil Pil 醬汁。

有時候即使烹調時間不長,也能得到很棒的結果,尤其是使用水分很多而味道又很強烈的食材時。例如真空烹調的章魚就是一個好例子。

刻意過熟以使食材軟爛

通常這個步驟都會用來準備蔬菜果泥,因為過程不用添加任何的水,又能保有食材本身的味道,真空烹調的過熟料理可以讓有吞嚥及咀嚼困難的人,在飲食的感官享受上獲得大大的改善。因為料理將會非常的軟爛,卻不會像使用傳統高溫烹調過熟時,失去美好的味道。

試著將蘋果做過熟的處理,你將會感到非常驚訝:口感變得非常軟爛,但是蘋果的自然香味卻依然不變。

水果經過熟處理,可以得到像圖中的蘋果這般令人驚訝的軟爛狀態。

草莓的過熟處理步驟

材料

- 草莓
- 糖（草莓總重量的四分之一）

① 將草莓快速清洗乾淨，將葉子摘除後切成兩半。

❷ 將草莓與糖一起真空包裝。

③ 將包裝後的草莓放入 65℃ 的恆溫水槽中加熱 2 小時。

❹ 冷卻後將草莓從汁液中過濾出來，草莓與汁液分開保存。

莓果優格果凍

| ⓐ 65°C / 2小時 | ⓧ 2小時30分鐘 | ⓘ 簡易 | ⓐ 四人份 | ⓘ 乳製品（優格）、魚類（以魚尾做為原料的吉利丁） |

材料

- 熟透的草莓 250 公克
- 糖 60 公克
- 覆盆子 40 公克
- 黑莓 40 公克
- 黑刺李 30 公克
- 野草莓 40 公克
- 醋栗 20 公克
- 吉利丁 2 公克
- 希臘優格 400 公克
- 薄荷 4 株

透過這個食譜來練習過熟的技巧吧！你將會得到香氣十足又充滿新鮮莓果口味的汁液，與莓果果肉的特殊口感。

① 將吉利丁放入冷水泡開。

② 莓果對切後與糖一起真空包裝。

③ 放入 65°C 的恆溫水槽中加熱兩小時。

④ 烹調完成後，趁熱進行過濾後，將莓果靜置保存。

⑤ 將泡開的吉利丁放入熱的莓果汁液中溶解。

盛盤

① 將四顆煮至過熟的草莓放入杯底，用希臘優格覆蓋，將這個步驟重複兩次以上。

② 在最上層放上切半的紅莓果肉。

③ 加入已經冷卻至室溫卻尚未凝固的果凍。

④ 靜置至凝固定型，再用薄荷葉裝飾。

附註

草莓必須要非常熟，甚至外型可能已經有些不好看，才能煮出草莓的甜味與香味。也可以保存外型比較漂亮的草莓，與其他的紅莓果肉一起裝飾成品。記得果凍在上菜時應該要是冰涼的。

美味又健康

紅色的果實高纖又低熱量，還有豐富的鉀與抗氧化物。

觀賞影片

壓縮密合

這是一個簡單的小技巧，可以使料理品質維持一致性，也可以為食材塑型。

只要使用「壓縮密合」的技巧，使食物在真空的過程中受到壓力，我們就可以壓縮及塑型任何一道料理。因為外界施加的壓力可以將料理的不同層或是空隙中的空氣壓出來，使料理依照使用的模具成形。最後即使組合不同的食材，我們都會得到壓縮而成的一整塊結合好的料理，不論是切或是做其他處理，食材也不會分開。

不論是冷或熱的料理都可以進行壓縮密合。

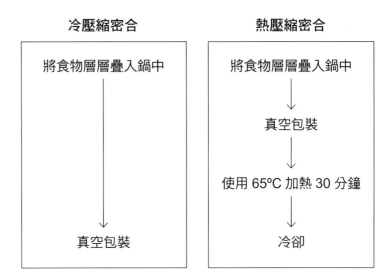

冷壓縮密合	熱壓縮密合
將食物層層疊入鍋中	將食物層層疊入鍋中
↓	↓
	真空包裝
	↓
	使用 65℃ 加熱 30 分鐘
	↓
真空包裝	冷卻

冷壓縮密合步驟

① 準備所有的食材。

② 分層放入模具或容器。

③ 將放入模具或容器的食材，連同容器一起用調理袋做真空包裝後，稍微冷凍以便之後切割。

④ 將袋子打開，將食物脫模。

⑤ 分切，盛盤。

熱壓縮密合步驟

在真空包裝後壓縮可以將各項食材的膠質壓出，使各項食材結合的更好。

❶ 預先準備好每項食材。

❷ 將食材以分層或混和的方式放入模具。

❸ 將食材連同容器一起用調理袋做真空包裝後，放入恆溫水槽，使用 65℃ 加熱 30 分鐘。

④ 快速冷卻並靜置至少 6 小時。冷卻的時間對於食材的結合也很重要。

❺ 脫模後可以做冷盤食用或是重新加熱再盛盤。

附註

有時候加入一些膠質豐富的食材可以使料理結合的更好，層次也不容易散開。

油封番茄沙丁魚派佐卡拉瑪塔（Kalamata）黑橄欖油醋醬

⚙ | 番茄🍅 90℃ / 2小時 | 醃漬沙丁魚1小時 | ⏳ 4小時 | ⤵ 中等 | 👥 四人份 | ⓘ 魚類

材料

沙丁魚鍋

- 沙丁魚 20 尾
- 蘋果醋 1 公升
- 鹽水 1 公升（100 公克鹽對 1 公升的水）
- 熟成番茄 2 公斤
- 橄欖油 100 公克
- 卡拉瑪塔黑橄欖泥 50 公克
- 糖 10 公克
- 鹽
- 九層塔適量

油醋醬

- 橄欖油 100 公克
- 義大利陳年葡萄醋（摩德納〔Módena〕巴薩米可醋）20 公克
- 大蔥 1 株
- 青蔥花 1 湯匙
- 菊苣適量

柔軟的醃漬沙丁魚加上爽口的油封番茄，搭配九層塔的新鮮香氣以及卡拉瑪塔黑橄欖的味道，這是一道充滿地中海風味的菜餚，特別適合炎炎夏日享用。

① 將沙丁魚清洗乾淨並挑刺後，放入鹽水浸泡 5 分鐘。

② 將沙丁魚泡入醋中，冷藏 1 小時。

③ 將剝皮去籽的番茄放在烤盤上，加鹽與糖調味，撒上切碎的九層塔，淋上橄欖油。

④ 將調味好的番茄烤盤送入烤箱，以 90℃ 加熱兩小時。

⑤ 將沙丁魚取出，用吸水紙擦乾。

⑥ 將做法 4 中烤好的番茄的汁液過濾掉，保留 40 公克番茄，稍後製作油醋會使用到。

⑦ 在長方形模具中鋪上紙膜，依次放入一層沙丁魚，一層番茄，少許橄欖泥（約 35 公克，留下 15 公克稍後用於油醋中）。

⑧ 將模具真空包裝並冷凍 1 小時。

⑨ 解凍至可以將料理脫模的程度後將料理切成長條或你想要的形狀。

盛盤

① 準備油醋醬：混和橄欖油、醋、15 公克橄欖泥、切細碎的大蔥、40 公克切小丁的番茄以及蔥花。

② 將結合並且塑型完畢的料理放入盤上，以一束菊苣裝飾，並淋上油醋醬。

附註

沙丁魚的醃漬液也可以是醋跟水的混和，這樣可以使魚更柔軟，但是這樣所需的醃漬時間會較長。不論是只用醋或是用醋水醃漬沙丁魚，都要記得控制時間，以免沙丁魚醃漬太久導致太酸或是時間不夠導致魚肉偏乾。

美味又健康

雖然橄欖熱量有點高，但是它含有對健康非常好的脂肪及養分。橄欖有助消化也有益於心血管健康，而沙丁魚除了有豐富的 Omega3，也含有大量的維生素 D，對免疫系統很有幫助。

庫斯庫斯（Couscous）佐椰棗羊脖肉

| 🌡 65℃ / 24 小時或 80℃ / 12 小時 | ⏲ 24 小時或 12 小時 + 3 小時收尾時間 | 📶 難 | 👤 四人份 |

⚠ 麩質（庫斯庫斯）

材料

羊脖肉

- 羊脖肉 2 只
- 鹽水 2 公升（100 公克鹽對 1 公升的水）
- 椰棗 100 公克
- 羊肉醬 120 公克（作法請參考本書 333 頁）

椰棗泥

- 椰棗 100 公克
- 水
- 鹽

庫斯庫斯

- 庫斯庫斯（北非小米）100 公克
- 蔬菜高湯 100 公克
- 胡蘿蔔 40 公克
- 青椒 40 公克
- 紅椒 40 公克
- 洋蔥 40 公克
- 花椰菜 40 公克
- 細葉芹適量
- 摩洛哥混合香料（Ras El Hanout）
- 混和橄欖油 30 公克

你絕對不會忘記這道美味又富油脂的料理。若是在比較重要的場合，這道料理還能輕易地裝飾成為一道優雅精緻的餐廳級佳餚。

羊脖肉

① 將羊脖肉放入鹽水中，放入冰箱冷藏浸泡 1 小時。

② 1 小時後將羊脖取出，水分擦乾，用調理袋真空包裝。

③ 使用恆溫水槽以 65℃ 烹調 24 小時，或是 80℃ 烹調 12 小時。

④ 烹調完成後，將肉汁保存備用，趁熱將脖子肉去骨，並將肥肉及神經也去掉。

❺ 將切成長條的去籽椰棗包入羊肉中，整個捲成圓筒狀或放入砂鍋中。

❻ 待冷卻後重新真空包裝，使用恆溫水槽以 65℃ 加熱 30 分鐘。冷卻保存備用。

庫斯庫斯

① 將花椰菜與胡蘿蔔煮熟（也可以用真空烹調），切成不同大小，但仍需保有嚼勁。

② 將青紅椒與洋蔥以 15 公克橄欖油快炒，一樣要保有嚼勁。

③ 將庫斯庫斯（北非小米）加入煮滾的蔬菜高湯中攪拌，加入鹽與摩洛哥混和香料，蓋上蓋子靜置 5 分鐘。

④ 將庫斯庫斯冷卻以免麵粉沾黏。

⑤ 加入剩下的橄欖油攪拌，並取鹽調味。

附註

包入羊肉中的餡料除了椰棗，也可依照個人喜好，也可以用其他乾果替代，例如菇類、薄荷甚至是羊胸腺也可以。當然配料的部分也可以用蔬菜、小麥或是其他的泥代替。

美味又健康

椰棗可以使整道料理富有維他命、礦物質及纖維質。椰棗含有糖與熱量，對於運動員來說是很好的能量補充食物。

椰棗泥

① 將椰棗切開去籽。

② 將椰棗放入碗中以熱水覆蓋（也可以用陳年紅酒類取代熱水），水量需覆蓋住椰棗並多出兩個指頭深，浸泡 1 小時。

③ 將椰棗濾出，磨成泥。可以添加溫水調整濃稠度。

醬料

① 混和羊肉真空烹調後流出的原汁與羊肉醬，煮沸。將醬料濃縮至想要的濃稠度後過濾掉雜質。

盛盤

① 將圓筒狀的羊肉切成每塊約 150 公克大小的羊肉塊，放入盤中，以微波爐加熱幾秒或用烤箱低溫加熱。

② 淋上醬料並在盤中放上庫斯庫斯及椰棗泥。

從食材的冷凍狀態開始烹調

直接將冷凍的燉蔬菜放入滾水鍋中烹煮，在燉菜收尾時丟入冷凍的豌豆，或是在真空烹調時直接加熱冷凍而不事先解凍的魚與肉，都是現代人不陌生的烹調技巧。

從冷凍狀態開始烹調的方式，較適用於一些所需烹調溫度不高，時間也比較短的食材。

因此，我們也可以將一道已經事先完成的冷凍料理重新加熱。在專業的廚房中這樣的技巧叫做「二次加熱」。也就是重新加熱一道料理以供食用，但是要小心不加熱至過熟，為了確保不會過度加熱，二次加熱使用的溫度不能超過原先烹調時使用的溫度。

但是從冷凍的狀態開始烹調，會因為一些因素而導致結果不同，例如食材本身的條件（新鮮度、品質、尺寸），烹調家電的能源強度，以及執行烹調的過程等。

從冷凍狀態開始烹調的成功關鍵

- 食材必須是在新鮮良好的狀態。

- 須以最高衛生標準進行準備程序（清洗、切、包裝）。

- 冷凍的過程必須快速，以確保食材的新鮮及安全，尤其是處理魚類的時候。

- 將包裝袋鋪平展開放好，以免食材在袋中不平均堆積造成冷凍時間延遲。

- 因食材溫度很低，烹調的時間一定會比一般生食烹調至熟的過程還長。

- 如果要使用較小的容器，或是一次加熱很多包冷凍食物，水溫會降低，也會影響到時間與溫度的數值變化。

- 食物的尺寸、重量與體積也會影響到烹調的時間與溫度。例如加熱切片牛排跟一整塊牛排的時間與溫度當然不會一樣。

因為影響烹調成果的因素有很多，因此即便本書盡可能提供
了詳細的溫度與時間參考表，以確保最高的精準度與料理
的穩定性，但每個廚師還是應該要根據使用的食材與烹調設
備來調整溫度與時間——從冷凍（所使用家電的實際冷凍溫
度）到加熱都是——因為每種溫控電磁爐、蒸氣烤箱或恆溫
水槽的規格都不一樣。

貼心建議

最適合從冷凍狀態開始烹調的食材，就是小塊的肉或是魚類
等所需烹調時間較短，加熱溫度也不用很高的食材。以下是
一些料理時的建議：

- 魚類必須是生的，以鹽調味好並分開獨立包裝，或是與配
  合的醬料一起獨立包裝，例如將鱈魚與青醬一起包裝，但
  醬料必須預先處理做成冰磚狀態。如果從冷凍狀態開始加
  熱，也可以配合「雙重烹調法」用平底鍋將魚肉快煎上
  色，使料理顏色好看並且讓味道更濃郁。

- 肉類（沙朗、雞胸肉、豬里肌）也可以在生的狀態依份量
  獨立包裝，在冷凍前加上鹽與胡椒調味。要加熱冷凍的肉
  類，通常會先使用真空低溫烹調，之後再用平底鍋、鐵板
  或烤的方式快速地將表面上色。

從冷凍狀態直接「烹調」或「二
次加熱」，對於短時間內完成預
先準備好的食材來說是非常實用
的方法，例如圖中這些蔬菜泥。

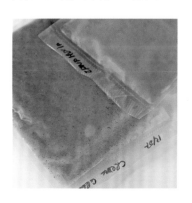

從冷凍狀態直接烹調的步驟

① 準備食材：切割、清洗與調味（使用鹽水或傳統方式調味）。

② 將食材放入真空調理袋，要包裝的食材必須是生的，然後將調理袋封好。若是要與醬料一起包裝，醬料必須是事先冷凍好的醬料冰塊。

③ 將包裝好的食材快速放入冷凍，並且將袋子放平整以確保冷凍盡快完成。

❹ 將冷凍好的食材放入水槽中以適當的時間和溫度加熱。

❺ 可依需求或是個人喜好，使用平底鍋、鐵板或短時間快速油炸的方式將食材上色。

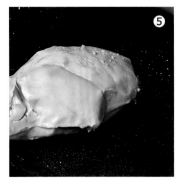

冷凍後直接加熱 時間 & 溫度參考表

產品	重量	時間	加熱溫度
鮭魚、鱈魚、大西洋鱈魚	160 公克	35 分鐘	50°C
牛排、雞胸肉	180 公克 / 220 公克	45 分鐘	65°C
肋眼牛排	400 公克	60 分鐘	65°C

辣味蔬菜雞肉墨西哥捲

| 65°C / 45 分鐘 | 2 小時 | 中等 | 四人份 | 麩質 |

材料

- 小麥餅皮 4 片
- 220 公克雞胸肉 2 片
- 青椒 100 公克
- 紅椒 100 公克
- 黃椒 100 公克
- 香菜或香菜芽適量
- 酪梨醬 200 公克
- 橄欖油 50 公克
- 墨西哥煙燻辣椒（Chipotle）10 公克
- 墨西哥青辣椒（Jalapeño）10 公克
- 鹽水 1 公升（100 公克的鹽對 1 公升鹽水）

讓我們藉由微辣的味覺刺激體驗異國料理文化吧！如果你還沒有嘗試過墨西哥的煙燻辣椒及青辣椒，這道墨西哥捲絕對可以讓你更接近墨西哥，享用一道跟平常比起來，既特別、新鮮又有趣的晚餐。

① 將雞胸肉放入鹽水中浸泡 30 分鐘，取出擦乾，真空包裝後冷凍。

② 等到要準備墨西哥捲的時候，將包裝好的雞胸肉從冷凍庫中拿出來，直接放入 65°C 的恆溫水槽中加熱 45 分鐘。（如果是新鮮的雞胸肉，加熱時間只要 30 分鐘，溫度一樣是 65°C。）

③ 將雞胸肉從調理袋中取出，用鐵板或平底鍋將肉表面快速煎至金黃。

④ 將青椒紅椒及黃椒切成長條（半公分寬的細絲），加橄欖油用平底鍋稍微炒過後放置一旁備用。

⑤ 將墨西哥煙燻辣椒磨碎成泥，必要時可以加少許水。

⑥ 將青辣椒切片。

⑦ 把煎上色的雞胸肉去皮後切成小塊。

❽ 用平底鍋將餅皮煎至微金黃，塗上少屬煙燻辣椒泥，依次放上雞胸肉、炒好的甜椒、青辣椒片與香菜。

❾ 將麵皮捲起，可以沾酪梨醬一起食用。

❽

❽

❾

你知道嗎？

讓辣椒有辣味的物質叫做「辣
椒素」。辣椒素也存在於奧勒
岡葉、肉桂與香菜中，不過含
量極少。

冷凍液體

在本書的許多食譜中，你將會需要袋裝的冷凍水或是冰塊來加速冷卻。你也會需要將油甚至是醬料製作成冰塊，如此才能將其放入調理袋中做真空烹調。

因為家用的真空包裝機無法在食材仍是液體狀時抽真空，「冷凍液體」以利真空烹調就成為一項必學的技巧。

以下將說明在做料理時，以及真空包裝時該如何準備與使用這些液體。接下來即為冷凍水、醬料及油品的用途與冷凍方法的介紹。

冷凍水的步驟

真空包裝的冷凍水最大的用途就是冷卻食物。你當然可以在冷凍庫裡準備大量的冰塊，但是真空包裝的冷凍水可以重複使用，而且可以快速冷卻冰水槽中的食物──也就是所謂的「冰水浴」。使用過的冷凍水袋只要清洗過後就可以重新放入冷凍庫以供下次使用。

① 將尚未封口的真空調理袋放在高的容器中以免溢出。
② 將水放入袋中。
③ 將放置調理袋的容器連同裝好水的調理袋一起放入冷凍庫等待結冰。
④ 結冰後再將調理袋封口並抽真空。
⑤ 待水解凍。
⑥ 重新冷凍水袋，這次將水袋放平，就不會占去太多冷凍庫的空間。

冷凍鹽水的步驟

冷凍鹽水有時候是有必要而且有趣的過程。尤其在處理需要浸泡在冰冷鹽水中的食材時，例如沙丁魚或是肉質細緻的魚類。泡冰冷的鹽水才能確保魚類的新鮮，也能使魚類得到適當的鹹度調味。

也能將鹽水冰塊加入真空調理袋中，與豆類或穀類的其他料理一起烹調。

① 加 100 公克的鹽至 1 公升的水中（10% 鹽水）。

② 將鹽水冰凍成小塊。不同的模具可以幫助計算鹽水的份量，也能讓每份料理需要的鹽水量有基本的依據。

③ 將鹽水冰塊放在袋子或是容器中，放入冷凍庫保存備用。

冷凍其他液體的步驟

通常「其他液體」指的是與料理搭配食用，或需要與食材一起加熱的醬料或油品。

概念很簡單，將醬料準備好，冷凍後分成小塊包裝，需要時就可以取用。我們也能用同樣的方式準備純油品或是香料油品、滷汁甚至酒類。

一旦習慣冷凍的手法後，你就會發現冷凍的技巧除了真空烹調以外，在其他時候也非常實用。例如，如果今天你炒了一道菜，你可以多炒一些，然後冷凍一部分，其他日子再食用，碎肉或是肉醬汁也是一樣。

油品或醬料的冷凍步驟

① 將液狀或半凝固的油或醬料放入冰塊模具中。

② 將模具放入冷凍庫。

❸ 冷凍完成後，將油品或醬料冰塊取出真空包裝，這樣模具就可以空出來做其他使用。油品的真空包裝速度要快，以避免融化。

5

現代人的飲食

好棒的蛋！

蛋因為含有豐富的蛋白質，被認為是最有營養價值的食物之一。

而且蛋的熱量低，又有豐富的維他命、礦物質與類胡蘿蔔素，都是讓人體器官運作的重要元素。專家建議每人一星期應該要吃 3 ～ 4 顆蛋。

只要吃下一顆蛋，即可攝取人體一天所需的維他命 B_{12} 的一半，維他命 B_{12} 對於一些貧血的治療是非常重要的，而且對於各器官肌肉系統的運作維持同樣不可或缺。

烹調雞蛋才能使蛋白質被充分消化以利器官吸收，但是高溫長時間的烹調將會破壞一些蛋裡的必需胺基酸及維他命，因此低溫烹調的技巧可以幫助妥善的保存蛋的養分及對健康的好處。

而且如果使用低溫烹調（**65ºC** 左右），就可以將所想要的雞蛋質地控制得更完美。在接下來的食譜，或是以蛋做為乳化劑或增稠劑的布丁、奶醬或法式白醬（Velouté），或是炒蛋及煎蛋，只要溫度及烹調時間不同，料理的成果都會不一樣。

加熱溫度範圍建議	50°C	55°C	60°C	65°C	70°C	75°C	80°C	85°C	90°C	95°C	100°C
魚類		▓	▓								
軟嫩肉類		▓	▓	▓							
硬韌肉類					▓	▓					
蛋			▓	▓							
葉菜與根莖蔬菜類									▓	▓	
水果類									▓	▓	
穀類與豆類									▓	▓	
海鮮類				▓	▓	▓					

炒蛋佐煙燻沙丁魚與黃瓜

隔水加熱，水槽恆溫80℃ / 10分鐘 | ⊗ 30分鐘 | ⊞ 簡易 | ⊗ 四人份 | ! 蛋、乳製品、魚類、麩質

材料

- 有機蛋 8 顆
- 優格 60 公克
- 鹽與胡椒適量
- 黑白胡椒粒適量
- 小茴香適量
- 煙燻沙丁魚 1 尾
- 黃瓜 40 公克
- 烤吐司適量

與其說是炒蛋，這道料理比較像是滑蛋，因為使用低溫烹調的關係，成品的口感會非常滑嫩柔軟，用湯匙即可享用。優格可以使蛋不至於完全凝固，而且微酸的味道也能為煙燻沙丁魚和黃瓜的味道帶來一些對比。

① 將煙燻沙丁魚切成細長條。

② 將黃瓜切成長條狀後灑上鹽，靜置使其出水。

③ 與優格一起打蛋，加入鹽、胡椒及一撮小茴香調味。

④ 使用不鏽鋼的容器盛裝打好的蛋，以 80℃ 的恆溫水槽隔水加熱。加熱過程中要持續攪拌以免蛋汁凝結成塊，攪拌至滑蛋狀態即可。

⑤ 將柔軟的滑蛋倒入稍有深度的盤子，放上沙丁魚與黃瓜。

⑥ 收尾時再灑上一點剛磨好的胡椒粒，搭配烤好的吐司。

你知道嗎？

在蛋殼上印有一串數字，這串數字可以讓你知道這顆蛋是來自哪個農場，以及蛋雞飼養的過程和生產國家，也可以查到生產日期或是最佳食用期限。如果要選購有機蛋，這串數字的第一碼應該是 0 *。

附註

隔水加熱時，裝食物的容器最好不要使用玻璃材質，因為玻璃導熱的效率比較差。

---

* 歐盟規定成員國所出售的雞蛋，都須印有一組編號，用以保障消費者。第一個數字代表母雞的飼養方法和生活環境：「0」為有機（Organic），「1」為自然放牧（Free Range），「2」代表平面飼養（Barn），「3」代表籠養（Caged）。

低溫烹調蛋佐蔬菜及馬鈴薯泥

| 蛋 65℃ / 20 ～ 40 分鐘 | 蔬菜 85℃ / 時間請參考本書 322 頁表格 | 1 小時 | 簡易 | 四人份 |

⚠ 蛋、乳製品（馬鈴薯泥）

材料

- 有機蛋 4 顆
- 馬鈴薯泥 500 公克（作法請參考本書 333 頁）
- 炒蔬菜 45 公克（作法請參考本書 334 頁）
- 迷你節瓜 4 根
- 蘆筍 8 根
- 迷你胡蘿蔔 4 根
- 歐洲防風草（歐洲蘿蔔）1 根
- 大蔥 4 根
- 細葉芹適量
- 青蔥適量
- 混和橄欖油
- 鹽與胡椒

低溫烹調的美味雞蛋搭配同樣精心烹調的新鮮蔬菜，是一道適合每天食用的料理。

① 將各項蔬菜以真空包裝後用恆溫水槽以 85℃ 烹調，烹調所需時間請參考 322 頁的對照表。

❷ 將雞蛋直接放入 65℃ 的恆溫水槽中加熱 20 ～ 40 分鐘。

③ 隔水加熱馬鈴薯泥，炒蔬菜則用小鍋加熱。

④ 將馬鈴薯泥放入盤中，做成火山口的樣子。

❺ 把雞蛋去殼放入馬鈴薯泥的火山口後，將做法 1 真空烹調後的蔬菜放入微波爐幾秒鐘或是快炒一下後也放入盤子。

⑥ 最後，將做法 3 的炒蔬菜用少許橄欖油攪拌，撒上蔥花及少許細葉芹裝飾，再加上鹽巴和胡椒粉即可。

附註
蛋的最後口感，取決於烹調時間與溫度，而依個人喜好調整時間與溫度，即可控制蛋黃的熟度。

蘆筍煎蛋佐煙燻鮭魚、西洋菜與蘿蔔

🍳 90°C / 50分鐘 | ⏱ 1小時30分鐘 | ⏸ 中等 | 👥 四人份 | ⚠ 蛋、乳製品、芥末、魚類、麩質

材料

- 小白蘿蔔 4 根
- 煙燻鮭魚 200 公克
- 去邊的吐司 4 片
- 芥末菜苗適量
- 西洋菜 100 公克

煎蛋

- 蛋 8 顆
- 奶油 50 公克
- 起司抹醬 50 公克
- 蘆筍 1 把
- 切碎蒔蘿 1 湯匙
- 鹽

白蘿蔔美乃滋醬

- 美乃滋 150 公克
- 辣白蘿蔔醬 25 公克
- 帶顆粒的第戎芥末醬
  （Mostaza Antigua）
  35 公克

這道煎蛋擁有柔軟滑順的口感，是最適合與朋友一同晚餐的舒心料理。西洋菜清爽的口感剛好可以中和鮭魚與起司的油膩感，白蘿蔔則有畫龍點睛的效果！

煎蛋

① 將蘆筍切成薄圓片。

② 用滾水將蘆筍切片燙煮 1 分鐘，用冰水冷卻，瀝乾備用。

③ 將雞蛋、起司、奶油及蘆筍片和蒔蘿均勻攪拌。

④ 將打好的蛋液放入模具中，使用烤箱以 90°C 加熱 50 分鐘（也可以在烤箱中入放入一個加了水的容器以增加烤箱內的濕氣）。之後取出冷卻備用。

白蘿蔔美乃滋醬

① 將芥末與白蘿蔔醬、美乃滋均勻混和。

盛盤

① 將吐司烤過後抹上白蘿蔔美乃滋醬。

② 在吐司上放上一層煎蛋，淋上少許美乃滋，放上一層鮭魚，最後撒上少許芥末菜苗，切片白蘿蔔及西洋菜即可。

附註

可將吐司去邊切成薄長片。若是沒有芥末菜苗，將白蘿蔔切片淋上少許辣油，也一樣能帶來清爽的口感。

美味又健康

鮭魚的 Omega3 脂肪酸與維他命 A、C，再加上西洋菜、蘆筍和白蘿蔔的葉酸，都能提供大量的抗氧化物，有助於增加抵抗力。

法式白醬雞胸肉佐雞油菌菇與乾果

法式白醬🍶 90°C / 40 ～ 70 分鐘	雞肉🍗 65°C / 30 分鐘	雞油菌菇🍳 85°C / 30 分鐘	⏱ 4 小時	ᔑ 難
🍽 四人份	⚠ 乳製品、蛋、乾果類、麩質			

材料

- 雞胸肉 220 公克 1 片
- 鹽水 1 公升（100 公克鹽對 1 公升的水）

法式白醬

- 濃縮雞骨高湯 240 公克（請參考本書 331 頁）
- 液態鮮奶油 280 公克
- 蛋黃 210 公克
- 牛肝菌粉末 5 公克
- 鹽與胡椒適量

雞油菌菇

- 雞油菌菇 100 公克
- 葵花油 100 公克

收尾

- 烤榛果 20 公克
- 麵包丁
- 乾果油
- 香菜取嫩葉少許

法式白醬是一種乳霜狀的醬料，質地有如天鵝絨一樣細緻滑順。在這道食譜中將使用烤箱製作法式白醬，使醬料較濃稠，以做為雞油菌菇、乾果及雞肉片的基底。

雞胸肉烹調

① 將雞肉放入鹽水中，放入冰箱冷藏浸泡 30 分鐘。

② 浸泡完成後將雞肉取出，真空包裝。

③ 將真空包裝後的雞肉放入 65°C 的恆溫水槽加熱 30 分鐘，放入冰塊水中冷卻。

法式白醬

① 將雞骨高湯、奶油、蛋黃、鹽與胡椒和牛肝菌粉末均勻混合。

❷ 將 125 公克混和好的湯汁放入盤或碗底，以保鮮膜覆蓋。（編註：請使用無毒高耐熱的保鮮膜。）

❸ 放入烤箱中以 90°C，依湯汁在碗或盤中的厚度不同加熱 40 ～ 70 分鐘。

雞油菌菇

① 將雞油菌菇清洗乾淨。

② 放入葵花油中以 85°C 恆溫加熱 30 分鐘。

收尾盛盤*

① 將已冷卻的雞胸肉切薄片,與烤榛果一起放置於法式白醬上。

② 將雞油菌菇對半切後直立放入盤中,撒上麵包丁。

③ 淋上少許乾果油與香菜嫩葉即可。

附註

這道料理可以有許多變化,包括加入雞丁,炒蘑菇或法式洋蔥蘑菇。法式白醬就跟布丁一樣,如果攪拌到口感變得非常細緻,即是完美的醬料。

---

* 這道料理可以做為冷盤,或是將法式白醬與雞胸肉用微波爐稍加熱數秒後食用。

附註

我們介紹了三種美味的布丁，
但是你的想像力與喜好可以無
止境地創造出更多口味。你可
以盡可能地發掘更多味道組
合，或是在布丁上面加上其他
可以使口感層次更豐富的材料。

觀賞影片

我們的美味布丁

90ºC / 60 分鐘 | 2 小時 | 簡易 | 六人份

香草布丁

乳製品、蛋

材料

- 牛奶 250 公克
- 鮮奶油 375 公克
- 蛋黃 130 公克（大約 6 顆）
- 一支香草莢
- 糖 75 公克

① 將牛奶、鮮奶油與刮下來的香草籽放入鍋中，使用一般爐火加熱攪拌至 85ºC 後熄火。蓋上蓋子靜置 10 分鐘。

② 將蛋黃與糖在大碗中均勻混和。

③ 將做法 1 倒入蛋黃與糖的碗中混和。待冷卻後過篩。

④ 將玻璃瓶裝滿，蓋好蓋子後放入 90ºC 的恆溫水槽中加熱 60 分鐘。

⑤ 待加熱完成後，先等玻璃瓶溫度稍降，再放入冰水中冷卻。

⑥ 將布丁表層撒上糖後，以噴槍使其焦糖化即可。

巧克力布丁

乳製品、蛋、乾果類

材料

- 牛奶 275 公克
- 鮮奶油 325 公克
- 蛋黃 130 公克（大約 6 顆）
- 糖 40 公克
- 調溫巧克力 50 公克
- 榛果果仁糖
- 夏威夷豆
- 巧克力塊 20 公克

① 將牛奶、鮮奶油與刮下來的香草籽放入鍋中，使用一般爐火加熱攪拌至 85ºC 後熄火。將巧克力放入鍋中，使用攪拌機攪拌均勻，放涼備用。

② 將蛋黃與糖在大碗中均勻混和。

③ 將巧克力混和物過篩倒入蛋黃與糖的碗中均勻攪拌後，放置一旁讓攪拌所產生的泡沫消失。

④ 將玻璃瓶裝滿，蓋好後放入 90ºC 的恆溫水槽中加熱 60 分鐘。

⑤ 待加熱完成後，先等玻璃瓶溫度稍降，再放入冰水中冷卻。

⑥ 等凝固後，在布丁表層撒上果仁糖，並將夏威夷豆與巧克力塊刨絲撒上即可。

胡蘿蔔布丁

乳製品、蛋

材料

- 胡蘿蔔汁 125 公克
- 鮮奶油 375 公克
- 蛋黃 150 公克
- 糖 75 公克
- 小荳蔻（Cardamom）4 顆
- 柳橙 1 顆
- 胡蘿蔔 1 根
- 橙花葉或馬鞭草少許
- 薑糖適量

① 將鮮奶油與小荳蔻在鍋中混和後，加熱攪拌至 85ºC 後熄火，靜置 10 分鐘。

② 加入胡蘿蔔汁。

③ 將蛋黃與糖在大碗中均勻混和。

④ 將胡蘿蔔汁混和物倒入蛋黃與糖的碗中，均勻混和後過篩。

⑤ 加入 60 公克的胡蘿蔔絲（保留少許最後裝飾用）及柳橙皮絲。

⑥ 將玻璃瓶裝滿，蓋好後放入 90ºC 的恆溫水槽中加熱 60 分鐘。加熱完成後，先等玻璃瓶溫度稍降，再放入冰水中冷卻。

⑦ 最後用小瓣的柳橙、橙花葉與薑糖丁裝飾，再撒上少許胡蘿蔔絲即可。

低溫烹調百里香湯加有機蛋

🌡 65℃ / 20 ～ 40分鐘 │ ⏲ 1小時 │ ⏚ 簡易 │ 👤 四人份 │ ⚠ 蛋、麩質（麵包）

材料
- 有機雞蛋 4 顆（小顆）

湯
- 百里香 1 把
- 水或雞骨高湯 800 公克
- 蒜頭 2 顆
- 烤麵包乾 100 公克
- 鹽與胡椒
- 油 50 公克

配料
- 百里香花
- 薄片吐司

一道美味的百里香湯可以讓你想起最美好的回憶。因此我們不能忘記這道傳統又健康的美味。加入美味的雞蛋低溫烹調可以得到更好的味道與口感。

① 先將蒜頭放入鍋中稍微炒過。

② 之後將百里香綁成束以免散開，放入鍋中，倒入水或高湯，使用小火加熱 10 分鐘。加熱完成後即可將蒜頭與百里香從湯汁中取出。

③ 放入烤過的麵包乾，加熱 6 ～ 8 分鐘後即可將麵包壓碎。

④ 將湯倒入碗裡，放入一顆以 65℃ 恆溫烹調 20 ～ 40 分鐘的水波蛋。

⑤ 撒上鹽巴、胡椒與百里香花。

⑥ 淋上少許橄欖油及一片麵包裝飾即可。

附註

在所有簡單的湯品中，這道湯品是最容易製作的一道。僅僅需要蒜頭、麵包與水。百里香也可用薄荷代替。不需要很多食材，成本也非常低，就能讓我們享用一道對腸胃有幫助，又不傷荷包的料理。

美味又健康

百里香是大自然界中最好的消炎劑，如果有腸胃不適或是消化不良時都很適合食用。也因此，百里香湯是很適合在睡前吃的一道料理。

家裡的菜園：
葉菜與根莖蔬菜類

攝取蔬菜對於健康非常的重要，建議每人一天至少應該食用 300 公克的蔬菜。

蔬菜有許多不同的種類：葉菜類、根類、球莖類、地下莖類、地上莖類、果實、莢與種子都算是蔬菜。因此我們真的應該在料理中好好利用蔬菜的多樣性和營養價值。

蔬菜不論生食或熟食都可以，有些蔬菜在經過加熱之後，會流失掉一些養分，例如維他命 C、B_1、B_6、葉酸與多酚都是怕熱的營養素。另外還有一些蔬菜在加熱後的「生物利用度（bioavailability）」*則會變高，例如胡蘿蔔素，尤其是番茄的茄紅素或是青花菜的葉黃素等。不論如何，蔬菜都是維他命 C、E、葉酸、礦物質（例如鉀）、纖維素與其他優良的抗氧化物，例如多酚和胡蘿蔔素等非常好的來源。

因此，若是使用較低的溫度或是使用容器或真空烹調，都能夠幫助保護、防止蔬菜的養分透過水分流失。這也表示使用容器或真空烹調蔬菜的時候，不需要另外加鹽。因為蔬菜的礦物鹽並沒有流失掉，其本身就已經有自然的調味。另外一個好處就是，如果沒有要立刻將蔬菜吃完而必須放入冷藏，因為包裝的關係，蔬菜也不會接觸到冷水，鹽份就不會被稀釋。另外還有一點需要補充，真空烹調的時候，能夠有效的避免蔬菜因為與空氣接觸而氧化。

千萬不要忘記，以蔬菜為基底的高湯有益於改善飲食與保持器官運作，而且幾乎沒有熱量。

---

* 「生物利用度」，又稱生體利用率或生體可用率，有多不同的定義，在本文中指的是養分能夠被人體吸收利用的程度。

用低溫烹調蔬菜或蔬菜高湯

在低溫烹調蔬菜的時候，溫度範圍介於 85°C ～ 100°C 之間，若是低於這個溫度範圍，蔬菜的纖維與澱粉就無法軟化。

但光是從 85°C 到沸騰的 100°C 就已經可以賦予蔬菜不同的味道和特性。例如葉菜類使用接近 85°C 的溫度烹調，葉綠素就會保存得比接近 100°C 好。

我們根據經驗在本書中提供了一個各項蔬菜烹調溫度的參考表（請參考本書 322 頁），但是請切記，每個廚師都應該根據自己的判斷與食材的特色調整 T&T 的數值。

低溫烹調蔬菜有幾種方式可以選擇：真空包裝烹調、包裝但不做真空處理、或配合使用雙重烹調法烤、煎或炒。當然也可以將蔬菜浸泡到液體中加熱，例如油、醋或糖漿，這樣就能得到美味的油封蔬菜或紅燒蔬菜。另外一個很常用的蔬菜料理方式就是磨成蔬菜泥或蔬菜濃湯，不論是磨成泥或是做成濃湯，都可以 100% 利用加熱時蔬菜本身流出的汁液為原料。

如果要製作以蔬菜為底的高湯或湯品，不加熱到 100°C 可以保有蔬菜的新鮮口味與淡淡香氣，在各種食材中也可以清楚地突顯出蔬菜的味道。

加熱溫度範圍建議	50°C	55°C	60°C	65°C	70°C	75°C	80°C	85°C	90°C	95°C	100°C
魚類		▓	▓								
軟嫩肉類	▓	▓	▓								
硬韌肉類					▓	▓	▓				
蛋			▓	▓							
葉菜與根莖蔬菜類								▓	▓	▓	
水果類								▓	▓	▓	
穀類與豆類									▓	▓	
海鮮類		▓	▓	▓	▓	▓	▓				

四種濃湯，四種顏色

蔬菜濃湯就是展現真空低溫烹調蔬菜各種好處的最佳範例：非常簡單——只要將所有的食材放入調理袋中；充滿自然風味又健康——因為使用低溫烹調，養分不會流失；很美味——烹調完成後，將所有的食材與汁液一起磨碎，可以保留最自然的味道。

在這裡我們將介紹四種不同的料理，但是其實這樣的濃湯可以有上千種變化，發揮你的想像力，跟隨你的喜好，絕對可以有更多的成果。

白色花椰菜濃湯

⊘ 85ºC / 2小時30分鐘　⊠ 3小時　⫿⫿⫿ 簡易　⊗ 四人份　① 乳製品（優格）

材料

- 洗淨的白色花椰菜 900 公克
- 初榨特級橄欖油 10 公克
- 冷凍水 600 公克
- 榛果 8 顆
- 優格 60 公克
- 小茴香
- 鹽

① 將白色花椰菜切成小塊與冷凍水一起包裝進真空調理袋中。

② 放入 85ºC 的恆溫水槽加熱 2 小時 30 分鐘。

③ 烹調完成後將調理袋中所有的食材與湯汁倒入深度較深的容器裡。

④ 慢慢地將容器中所有的食材、汁液加入橄欖油後搗碎。

⑤ 可以用鹽調整鹹度。

⑥ 將花椰菜泥倒入碗中。

⑦ 用少許優格點綴。

⑧ 撒上對半切開的榛果，小心不要使榛果沉到湯裡，再撒上少許小茴香即可。

美味又健康

花椰菜含有豐富的維他命與水份，食用花椰菜可以攝取營養而熱量卻很低，除此以外，花椰菜也有很高的纖維質，因此非常適合每天食用。

綠色豌豆濃湯

⊘ 100℃ / 20 分鐘 │ ⊠ 40 分鐘 │ ⼐ 簡易 │ ⊗ 四人份 │ ① 乳製品（優格）

材料

- 豌豆 1 公斤
- 初榨特級橄欖油 30 公克
- 冷凍水 500 公克
- 優格 60 公克
- 薄荷葉與薄荷花
- 鹽

美味又健康

將蔬菜或是豆類磨碎，可以使其纖維斷裂，較易消化。

① 將豌豆與冷凍的水真空包裝。

② 放入 100℃ 的恆溫水槽加熱 20 分鐘。

③ 烹調完成後將調理袋中所有的豌豆與湯汁倒入深度較深的容器裡磨碎。

④ 慢慢倒入橄欖油與豌豆濃湯混和均勻。

⑤ 可以用鹽調整鹹度。

⑥ 將豌豆濃湯倒入碗中。

⑦ 使用優格點綴裝飾。

⑧ 小心地放上薄荷花與薄荷葉點綴，注意不要使其沉入湯中。

附註

或許不必加入鹽巴調味，因為烹調的過程中蔬菜並沒有直接接觸到加熱用的水，所以本身的鹽份不會流失。

每道濃湯中建議使用的優格醬都可以用別的醬料取代，我們也可以用其他的香料使料理更出色。如果要讓濃湯有酥脆的口感，也可以搭配麵包丁、濃湯原料使用的蔬菜或穀片一起食用。

紅色甜菜根濃湯

⏱ 85°C / 2 小時 30 分鐘 ｜ ⏳ 3 小時 ｜ ▥ 簡易 ｜ ⊗ 四人份 ｜ ⓘ 乳製品（優格）

材料

- 甜菜根 1 公斤
- 初榨特級橄欖油 35 公克
- 冷凍水 500 公克
- 優格 60 公克
- 迷你甜菜根葉
- 鹽

美味又健康

賦予甜菜根鮮艷顏色的物質是甜菜色素，對於抗氧化與抗發炎有很好的效果，所以要促進健康，增強抵抗力，吃甜菜根就對了。

① 將甜菜根切小塊，與冷凍的水真空包裝。

② 放入 85°C 的恆溫水槽加熱 2 小時 30 分鐘。如果是整顆的甜菜根則需延長到 3 小時。

③ 烹調完成後將調理袋中所有的甜菜根與湯汁倒入深度較深的容器裡磨碎。

④ 慢慢倒入橄欖油與甜菜根濃湯混和均勻。

⑤ 可以用鹽調整鹹度。

⑥ 將濃湯倒入碗中。

⑦ 使用優格點綴裝飾。

⑧ 小心地放上迷你甜菜根葉點綴，注意不要使其沉入湯中。

橘色胡蘿蔔濃湯

85℃ / 1小時30分鐘 │ 2小時 │ 簡易 │ 四人份 │ 乳製品（優格）

材料

- 胡蘿蔔 1 公斤
- 初榨特級橄欖油 35 公克
- 冷凍水 500 公克
- 咖哩粉適量
- 椰奶適量
- 優格 60 公克
- 鹽

美味又健康

胡蘿蔔含有類胡蘿蔔素，它在人體內會變成維他命 A，保護視網膜、皮膚及黏膜，有助維持視力、保護皮膚。如果攝取足夠的胡蘿蔔素，在預防白內障和黃斑部退化也很有幫助。

① 將胡蘿蔔洗淨切小塊，與冷凍的水真空包裝。

② 放入 85℃ 的恆溫水槽加熱 1 小時 30 分鐘。

③ 烹調完成後將調理袋中的胡蘿蔔與湯汁倒入深度較深的容器裡磨碎。

④ 慢慢倒入橄欖油與胡蘿蔔濃湯混和均勻。

⑤ 可以用鹽調整鹹度。

⑥ 將濃湯倒入碗中。

⑦ 混和優格與椰奶，點綴裝飾濃湯。

⑧ 撒上少許咖哩粉。

火腿朝鮮薊

朝鮮薊 ⓐ 85℃ / 30 ～ 45 分鐘 │ 朝鮮薊泥 ⓐ 85℃ / 3 小時 │ ⓧ 3 小時 30 分鐘 │ ⓘ 中等 │ ⓐ 四人份

材料

- 朝鮮薊 16 顆
- 火腿 100 公克
- 橄欖油 100 公克
- 鹽與胡椒

美味又健康

朝鮮薊含有大量的纖維、維他命與礦物質。其成分中含有大量的抗氧化物，而且可以幫助降低膽固醇與消化油脂。

如果你喜歡吃朝鮮薊，這道料理會讓你馬上垂涎三尺。我們將使用真空烹調的方式保存朝鮮薊的營養，並且會得到獨特的口感。也因真空烹調，你再也不用擔心要加檸檬或是其他抗氧化劑以免朝鮮薊氧化。

① 將朝鮮薊放入加有冰塊的水中讓它處在很冰涼的狀態，避免在準備過程中氧化。

② 將朝鮮薊洗淨去皮，直到剩下菜心的部分。

③ 將朝鮮薊對半切開，用兩個調理袋分開真空包裝：一個袋子裝 6 個，另一個裝 8 個。

④ 將包裝好的朝鮮薊放入恆溫水槽中：6 個朝鮮薊的調理袋使用 85℃ 加熱 30 至 45 分鐘。有 8 個朝鮮薊的調理袋使用 85℃ 加熱 3 小時。

⑤ 加熱完成後，將兩個袋子一起放入冰水中冷卻。

⑥ 取出放有 6 個朝鮮薊的調理袋，先將每個朝鮮薊切成四等份，再分成八等份。

⑦ 將另一個調理袋中的 8 個朝鮮薊用調理機磨成泥，淋上 20 公克的橄欖油，並加上少許鹽調味。

⑧ 將兩個生的朝鮮薊使用曼陀林切片器切成薄片，再用橄欖油炸成脆片。吸去多餘的油後放入乾燥容器內。

盛盤

① 將朝鮮薊泥抹在盤子底部。

② 放上煮好的朝鮮薊與朝鮮薊脆片。

③ 加上火腿。

④ 淋上橄欖油並撒上少許胡椒。

附註

依照個人喜好，煮好的朝鮮薊也可以煎過使其上色之後再盛盤。也可以加入麵包丁或將火腿炒過。

附註

高湯使用的材料建議選擇當季食材。秋冬季時，根類蔬菜的味道更濃郁，礦物質更豐富，而春夏季時，高湯的味道則會因為正新鮮的茴香、芹菜、節瓜（Zucchini）與萊豆等，更添清爽。

如果使用玉米糖膠使湯體較濃稠，高湯會呈現混濁的顏色，這時候就要配合脫泡的步驟（請參考本書 143 頁），或放入冰箱冷藏靜置 6 小時。

美味與健康

因為低溫烹調的高湯保留了較多的營養，又有豐富的鉀離子等礦物鹽，不論是什麼時候食用都很好，尤其適合運動員做營養補充的選擇。

低溫烹調高湯

85ºC / 3 小時 | 3 小時 30 分鐘 | 簡易 | 四人份

材料

高湯

- 胡蘿蔔 300 公克
- 芹菜 100 公克
- 韭菜 300 公克
- 洋蔥 300 公克
- 冰塊狀的冷凍水 1 公升（請參考本書 162 頁）
- 玉米糖膠每公升高湯加 3 公克
- 鹽

依照個人喜好可添加

- 軟菜豆、節瓜（Zucchini）、荷蘭豆、薄荷葉、九層塔葉、萊姆皮、大頭菜、茴香等。
- 紫蘇

低溫烹調的高湯將會保留住最多的食材養份，可算是液體中的黃金。也許你會想念以傳統方式烹煮的沸騰高湯的濃郁，但是使用低溫烹調的清新口感，濃郁的芳香和多層次的味道更令人無法抗拒。

❶ 將所有高湯要使用的食材清洗乾淨，切成不規則大塊後，與冷凍水以一比一的比例放入真空調理袋中，使用 85ºC 恆溫加熱 3 小時。

② 將高湯過濾後，每一公升的高湯加入 3 公克的玉米糖膠，使高湯增加濃稠度。調整鹹度後保存。

③ 處理以個人喜好所選擇的配菜，需要烹煮的請煮至仍有嚼勁，可生食的則切成適當大小。

盛盤

① 將高湯放入盤中。

② 把剩下的食物漂亮的放入高湯盤中。

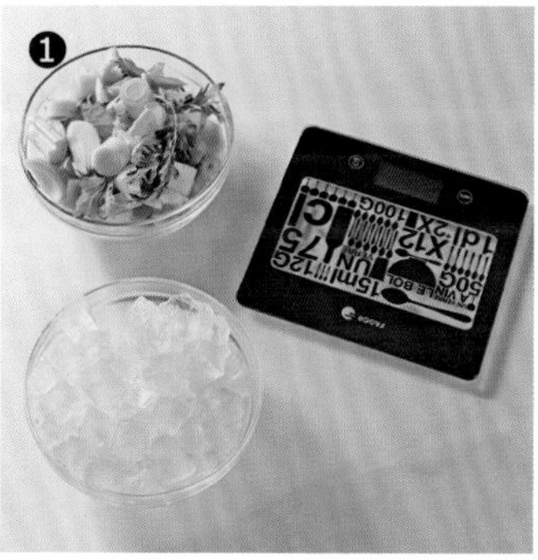

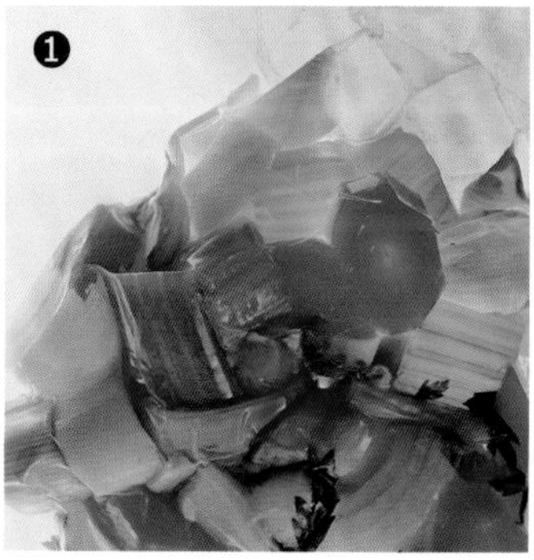

菊苣佐法式麥年（Meuniere）醬

⊙ 85℃ / 1 小時　⊗ 1 小時 30 分鐘　⑩ 簡易　⊗ 四人份　① 乳製品（奶油）

材料

- 菊苣 4 顆
- 奶油 200 公克（100 公克做麥年醬用，100 公克增色用）
- 酸豆 40 公克
- 檸檬 1 顆
- 葵花油 200 公克
- 鹽與胡椒

不論從是口感、香氣、味道或是溫度，讓菊苣給你全新的感受吧！真空烹調後淋上法式麥年醬汁（Meuniere），就是一道兼具酸甜口感的香烤料理。

① 將菊苣洗好泡水 20 分鐘以去除苦味後瀝乾。

② 清洗酸豆後瀝乾，使用熱油炸 1 分鐘。之後將油瀝乾再用吸油紙巾將多餘油份吸掉。

③ 將奶油烤至榛果狀態（顏色近似榛果的淺咖啡色且帶有淡淡榛果香）。

④ 將冷卻的榛果奶油與對半切開的菊苣用鹽與胡椒調味後，真空包裝起來。

⑤ 使用 85℃ 恆溫加熱 1 小時。

⑥ 製作麥年醬：將 100 公克奶油加熱，加入四分之一顆檸檬汁，少許檸檬皮與酸豆。

⑦ 在菊苣烹調完成後，放入盤中並淋上麥年醬汁。

附註

這道料理建議溫溫的食用會更美味。菊苣的烹調程度依時間可分為：30 分鐘，口感稍脆，水分不多卻美味；1 小時，較軟，口感較濕潤，但是味道較濃郁；或是 3 小時，非常軟爛的口感，水分則會相當多，具有很柔軟的菊苣味道。

美味又健康

菊苣是一種熱量非常低的葉菜類蔬菜，同時有豐富的維他命 B_9 以及葉酸。

附註

任何蔬菜都可以使用，如果不是迷你的，也可以將其切成小塊。西班牙冷湯可以用酪梨醬或中東豆泥醬代替。

食材	85ºC	100ºC
胡蘿蔔	20 分鐘	6 分鐘
迷你甜菜根	1 小時 15 分鐘	35 分鐘
蘆筍	45 分鐘	18 分鐘
迷你節瓜	20 分鐘	6 分鐘
嫩大蔥	21 分鐘	6 分鐘

綜合蔬菜與西班牙冷湯沾醬

ⓘ 85℃ ～ 100℃ / 參考194頁的對照表	橄欖🍳 90℃ / 6小時	⏳2小時＋6小時（橄欖）	⏱ 中等
👤 四人份	① 麩質（麵包）		

材料

西班牙冷湯

- 熟番茄 800 公克
- 稍微去掉硬皮的歐式鄉村麵包 300 公克
- 大蒜 1 顆
- 混和橄欖油 150 公克

蔬菜

- 迷你胡蘿蔔或小蘿蔔 8 根
- 蘆筍尖 12 根
- 迷你或小節瓜 4 根
- 大蔥嫩的部分 8 根
- 迷你甜菜根
- 櫻桃蘿蔔 4 個
- 金針菇或類似菇類

橄欖土

- 黑橄欖 300 公克

在與朋友的聚餐開始時，端出這道既有趣又非常健康的料理，不但可以教朋友如何吃這道菜，同時也讓他們吃進了富含營養的食物。

蔬菜

① 除了櫻桃蘿蔔與金針菇以外，將每種蔬菜分開真空包裝，將恆溫水槽設定在 85℃ ～ 100℃，按照 194 頁的時間指示加熱。

黑橄欖

① 將去籽黑橄欖平均鋪在烤盤上，使用烤箱以 90℃ 烘 6 小時。

② 冷卻，磨碎備用。

西班牙冷湯

① 將番茄切丁，把鄉村麵包的硬皮去掉。

② 將番茄丁、麵包與大蒜混和後，放入冰箱冷藏 20 分鐘。

③ 冷藏後將所有材料放入調理機，以最高強度磨 2 分鐘。

④ 降低調理機速度並加入橄欖油使湯汁乳化。

盛盤

① 使用西班牙冷湯為盤中的基底。

❷ 蓋上磨碎的黑橄欖做為泥土。

❸ 用有趣又漂亮的方式把蔬菜插進橄欖土裡。

油封綜合菇

⊗ 85ºC / 45分鐘 │ ⊠ 1小時 │ ⑾ 簡易

材料

- 綜合菇類 1 公斤：雞油菌菇、牛肝菌、松乳菇等。
- 洋香菜

油封綜合菇

- 混和橄欖油
- 鹽與胡椒
- 黑白胡椒粒
- 迷迭香與百里香

油醋醬漬綜合菇

- 混和橄欖油 200 公克
- 雪莉酒醋 50 公克
- 鹽與胡椒

你知道嗎？

油封是一個類似保存食物的處理方式。一般的食物保存會將食物放在密封的容器裡並且滅菌，之後食物就可以在室溫下儲藏多年，油封是透過浸漬方式將食物保存在天然的防腐劑中，但是這樣的食物保存期限僅能比一般食物多幾天，而且必須冷藏。

要將當季綜合菇類的美味發揮到極限，建議你將它保存個幾天。可以浸漬在醋中，或是使用油封的方式配合香料以低溫烹調，之後可以跟沙拉、炒菜或是燉菜一起食用，或是當作精美的配菜。

油封綜合菇

① 使用乾淨的布清潔菇類。

② 將菇類放入玻璃罐裡，可以盡量將菇類壓入，裝越多越好，然後再將橄欖油及香草與香料放入罐中蓋好。

③ 在 85ºC 的恆溫水槽中加熱 45 分鐘。

④ 將罐子取出，靜置幾分鐘使其稍微降溫，再放入冰水槽冷卻。

油醋醬漬綜合菇

① 油醋醬的比例是四份的油加上一份的醋，然後加入鹽與胡椒。

② 將菇類裝入玻璃罐中，可以擠壓使罐子裝到最多容量。

③ 將油醋倒入罐中，蓋好蓋子，然後放入 85ºC 的恆溫水槽中加熱 45 分鐘。

④ 將罐子取出，靜置幾分鐘使其稍微降溫，再放入冰水槽冷卻。

附註

如果想要多一點菇類的原味，也可以將醋的量減少，或是使用味道較溫和的醋，例如蘋果醋或是卡本內蘇維濃（Cabernet Sauvignon）葡萄酒醋。選擇較小較軟的菇類會更美味。

婆羅門參（西洋牛蒡）佐藍紋起司、焦糖堅果與青蘋果

| 🍲 85°C / 2 小時 | ⏱ 3 小時 | 〰 簡易 | 👤 四人份 | ⚠ 乳製品、乾果 |

材料

- 婆羅門參（西洋牛蒡）600 公克

醬料

- 藍紋起司 40 公克
- 鮮奶油 240 公克（脂肪含量 35%）
- 蘋果白蘭地 15 公克
- 鹽

裝飾

- 青蘋果 1 顆
- 焦糖堅果 40 公克

婆羅門參（西洋牛蒡）是一種充滿驚喜的植物。經過烹調後，它的口感會變得又甜又嫩，味道在口中久久不散。與藍紋起司、堅果與青蘋果合在一起，將是一道齒頰留香的美味佳餚。

婆羅門參

① 削皮後用冰涼的水清洗。

② 快速地使用調理袋真空包裝避免氧化，放入恆溫水槽以 85°C 加熱 2 小時（直到非常軟嫩）。將調理袋取出放入冰水中冷卻。

醬料

① 將藍紋起司與鮮奶油和白蘭地一起煮，直到醬料變濃稠。

② 使用鹽巴調味。

盛盤

① 將婆羅門參微微加熱後，切成不同大小放入盤中。

② 使用醬料將婆羅門參覆蓋，用噴槍將表層上色。

③ 用焦糖堅果與青蘋果細條裝飾，蘋果帶皮的部分朝上。

附註

婆羅門參的產季很長，從七月到隔年二月都可以找得到。與其它的根類蔬菜也可以搭配，例如黑蘿蔔或黑婆羅門參。

美味又健康

這是一道充滿能量的料理，裡面的每個食材都能提供不同的營養。藍紋起司含有維他命 D 與鈣質；蘋果有各種維他命及抗氧化物；婆羅門參則有大量的纖維質；堅果類則有 Omega3 脂肪酸與維他命 E。

甜菜根優格

⊗ 43℃ / 2小時30分鐘 ｜ ⓧ 3小時30分鐘 ｜ ⑪ 簡易 ｜ ⑧ 四人份 ｜ ① 乳製品

材料

- 全脂牛乳或鮮乳 400 公克
- 希臘優格 20 公克
- 鹽 5 公克（如果要做甜優格則改成糖 60 公克）
- 煮熟的甜菜根 100 公克

附註

這類優格建議當天食用，但是放在冰箱就可以多保存一天。也可以有各種不同的組合：與果乾食用，例如李子乾、葡萄乾或杏桃乾；加糖漬水果，例如蜜梨、蜜鳳梨、糖漬水蜜桃或糖漬荔枝；或是加上香料粉，例如小荳蔻、胡椒或肉桂。

我們每餐都應該攝取充滿營養的根莖類食物。這道食譜讓你可以在優格中加入滿滿的維他命與礦物質，而且透過烹調時間的控制可以讓優格變成液體狀。

① 將牛乳加熱到 85℃，達到消毒與穩定的效果。

② 之後使用冰水，將牛乳隔水冷卻到 43℃。

③ 在碗中將希臘優格與牛奶混和，要分批慢慢地混和，以確保希臘優格完全溶解。之後再依想做的口味加入鹽或糖。

❹ 在玻璃罐底加入小塊的甜菜根。

⑤ 將混和好的優格與牛乳倒入玻璃罐中並蓋好。

❻ 將玻璃罐放入水槽中，以 43℃ 恆溫加熱 2 小時 30 分鐘。

⑦ 加熱時間完成後，將玻璃罐從水中取出，冷卻後放入冰箱冷藏。

食用：

① 用力搖晃優格。

❷ 在杯底放入切丁的甜菜根，與優格一起端出。

美味又健康
甜菜根除了含有大量的維他命 C 與鐵質，還有其他的維他命和礦物質，如葉酸、磷、鎂與維他命 B_6。

四季蔬菜

讓我們為你介紹每個季節的香氣、味道與顏色的呈現。以正當季的蔬菜，使用低溫烹調能得到蔬菜最好的味道，並且保存住最多的營養。

春天

🌡 85ºC ～ 100ºC / 參考 322 頁對照表　│⑪ 難　│⑧ 四人份　│⚠ 蛋（美乃滋）

材料

- 白蘆筍 4 根
- 蘆筍 8 根
- 雞油菌菇 16 個
- 荷蘭豆 8 個
- 櫻桃蘿蔔 8 個
- 法國哈特馬鈴薯（Ratte）4 個
- 蒔蘿
- 青蔥
- 茴香花
- 葵花油 25 公克
- 洋香菜膠（請參考本書 332 頁）

美乃滋

- 美乃滋 150 公克
- 聖喬治野生蘑菇（San Jorge）或蘑菇、波特菇、雞油菌菇 60 公克
- 鹽

蔬菜

① 將所有食材切成不規則小塊，大小要能夠裝入一個湯匙。例如櫻桃蘿蔔切八塊，蘆筍切成五公分大小，雞油菌菇切四等分或八等分，以此類推。

② 將白蘆筍、綠蘆筍與馬鈴薯分別以真空包裝加熱，恆溫水槽溫度設定 85ºC，荷蘭豆則需要設定在 100ºC，時間請參考 322 頁。烹調完成後，冷卻備用。

③ 將蒔蘿、櫻桃蘿蔔、青蔥與茴香花洗淨。

④ 用平底鍋將雞油菌菇炒過備用。

美乃滋

① 將菇類洗乾淨。

② 在美乃滋中把菇類壓碎並加入少許鹽調味。也可以油封菇類，待冷卻後再取油封用的油及部分菇類，與美乃滋混和。

盛盤

① 可以再加熱蔬菜或是以冷盤方式食用。

② 在盤底放兩湯匙的美乃滋醬，在依序放上各種蔬菜、切碎的花，然後用幾滴洋香菜膠裝飾。

夏天

⊚ 85℃～100℃ / 參考322頁對照表 | ⑾ 難 | ⑧ 四人份

材料

- 荷蘭豆 40 公克
- 紫洋蔥軟嫩部分 40 公克
- 四季豆 4 條
- 茴香 40 公克
- 婆羅門參（西洋牛蒡）40 公克
- 法國哈特馬鈴薯 2 個
- 各色櫻桃番茄 8 個
- 茴香花
- 蒔蘿
- 大蒜 4 個
- 櫻桃蘿蔔 2 個
- 萊姆皮
- 油封薑 5 公克

香草膠

- 水 100 公克
- 青草 50 公克（茴香、細葉芹、洋香菜、龍蒿）
- 混和橄欖油 50 公克
- 玉米糖膠（用量比例：1 公升的水對 3 公克的玉米糖膠）

美味又健康

在均衡又健康的飲食中，蔬菜是不可或缺的。因為蔬菜含有大量的水、纖維質、礦物質與必需維他命。一天建議最少攝取兩份，而且建議攝取當季蔬菜，因為當季蔬菜的營養價值最高而且品質也最好。

蔬菜

① 將洋蔥、茴香、婆羅門參、馬鈴薯與大蒜各自真空包裝，放入恆溫水槽以 85℃ 加熱，荷蘭豆與四季豆各自真空包裝後，以恆溫 100℃ 加熱，時間請參考 322 頁。烹調完成後，冷卻備用。

② 將蒔蘿、萊姆皮、茴香花、櫻桃蘿蔔清潔乾淨，油封薑和番茄則對半切開。

香草膠

① 將青草用滾水煮 15 秒後以冰水冷卻。

② 將青草仔細瀝乾，加水磨碎（至完全滑順無渣），過濾後以適量的玉米糖膠調整黏稠度（每公升的水需要 3 公克玉米糖膠）。使用橄欖油將青草醬乳化。

盛盤

① 可以再加熱蔬菜或是以冷盤方式食用。

② 在盤底放兩湯匙的香草膠，然後將所有食材放入盤中。

秋天

蔬菜 ⊘ 85°C / 參考 322 頁對照表　菇類 ⊜ 85°C / 45 分鐘　⫽ 難　⑧ 四人份　① 蛋（美乃滋）

材料

蔬菜

- 迷你胡蘿蔔 2 根
- 花椰菜 50 公克
- 芹菜或大頭菜 20 公克
- 歐洲防風草 20 公克

油封綜合菇

- 小牛肝菌 2 個
- 雞油菌菇 16 個
- 香菇 8 個
- 鴻喜菇 50 公克
- 混和橄欖油 200 公克

美乃滋

- 油封菇的油 100 公克
- 菇蒂與菇類被修剪掉的部分
- 蛋黃 2 顆

裝飾

- 金蓮花
- 金針菇
- 無花果
- 紅石榴 20 公克
- 香草（青蔥、蒔蘿、細葉芹）

蔬菜

① 將胡蘿蔔、花椰菜、芹菜與歐洲防風草各自真空包裝，放入恆溫水槽以 85°C 加熱，時間請參考 322 頁。烹調完成後，冷卻備用。

油封綜合菇

① 將所有的菇類放入橄欖油中，以 85°C 加熱 45 分鐘後冷卻備用。

② 將菇蒂與菇上比較不漂亮的地方切掉。

美乃滋

① 把美乃滋與烹調菇類用的油、蛋黃、菇蒂、菇類切掉的瑕疵部分均勻混和。

盛盤

① 將所有的蔬菜放在烤盤上，以 180°C 烤 4 分鐘。

② 在盤底加上兩湯匙的美乃滋醬，並依序放上烤好的蔬菜與油封菇類。

③ 使用紅石榴、金針菇、無花果、金蓮花與香草裝飾。

冬天

蔬菜 85ºC / 參考322頁對照表 | 難 | 四人份 | 乾果類、蛋（美乃滋）

材料

- 較軟的胡蘿蔔 1 根
- 花椰菜 60 公克
- 婆羅門參（西洋牛蒡）10 公克
- 成熟的甜菜根半個
- 芹菜或大頭菜 80 公克
- 法國哈特馬鈴薯 2 個
- 白蘿蔔 40 公克
- 歐洲防風草（歐洲蘿蔔）40 公克
- 高麗菜 80 公克
- 菠菜 8 片
- 烤洋蔥 1 個
- 油封雞油菌菇 16 個
- 鴻喜菇或金針菇或其他養殖菇類
- 碎榛果 15 公克

美乃滋

- 松露 16 公克
- 松露油 5 公克
- 美乃滋 160 公克

蔬菜

① 將胡蘿蔔、花椰菜、婆羅門參、甜菜根、芹菜、馬鈴薯、白蘿蔔與歐洲防風草各自真空包裝，放入恆溫水槽以 85ºC 加熱，時間請參考 322 頁。烹調完成後，冷卻備用。

② 水煮高麗菜與菠菜。

美乃滋

① 將松露磨碎，與松露油、美乃滋一起均勻混和。

盛盤

① 將所有真空烹調完成的蔬菜、烤洋蔥、高麗菜、菠菜和油封雞油菌菇一起放入烤盤中，以 180ºC 烤 4 分鐘。

② 在盤底先加上松露美乃滋。

③ 先放入烤箱中所有的食材，然後再以菇類（鴻喜菇或金針菇）及碎榛果裝飾。

④ 最後再淋上松露油與松露即可。

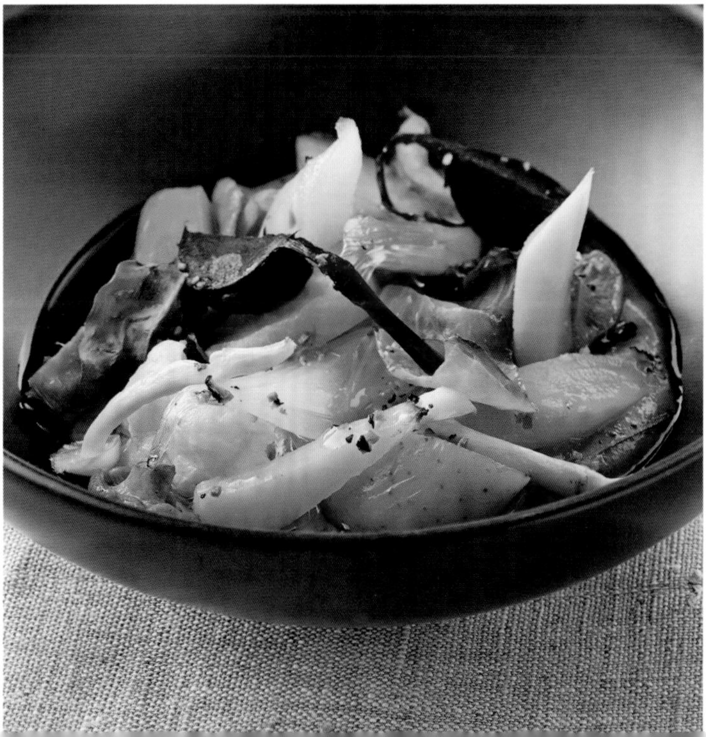

不可或缺：穀類與豆類

同時是膳食纖維、維生素、礦物質與蛋白質的來源，豆類是我們可以取得營養價值最高又最經濟實惠的食物。

含有豐富的纖維質、維生素和礦物質，同時也提供了熱量與大量的蛋白質，豆類是營養成分非常完整的食物，因此每人每週建議至少攝取二到四次。

而全穀類食物（藜麥、燕麥、全米、小麥、大麥、蕎麥等）也應該成為日常飲食的一部分，因為這些食物除了是我們一天中重要的能量來源以外，也提供了纖維質與維持神經系統健康運作的必需維生素（尤其是維生素 B 群與葉酸）。此外，全穀類又比精緻穀物含有更多的礦物質（例如磷、鋅、矽與鐵）。

因此，我們必須找到能夠增加穀類與豆類攝取的方法。學習如何烹調穀類和豆類就是非常重要的第一步，許多人就是因為不知道如何用簡單與美味的方式料理穀類與豆類，導致攝取量不足。

使用低溫烹調穀類與豆類食物

以低溫烹調穀類與豆類食物的方法，與傳統烹調差不多，都是使用 100℃ 左右的溫度。主要的差別在於低溫烹調會使用少量的液體，這些液體可能會被食材吸收或是成為料理的一部分──這樣就可以避免礦物質、維生素及味道因為加熱時被水分溶解而流失。「康羅卡酒窖」餐廳其實一直都在嘗試將溫度維持在 100℃ 以下，但是目前尚未得到比 100℃ 左右烹調還好的成果，而且烹調時間還會延長許多。

用來烹調豆類與穀類食物最實用的容器之一就是「玻璃容器」，因為以玻璃容器烹調後的料理可以有許多用途。例如，能將烹調好的豆穀類食物保存在玻璃罐中，甚至分配好每罐的份量，任何時候都可以取出，與蔬菜快炒，或是加入沙拉一起食用。也可以用玻璃罐將一道完整的料理在罐中烹調完成後直接食用；也就是說，我們可以在玻璃罐中烹調穀類或豆類食物，並加入任何其他的食材，用類似燉菜的方式完成料理。

在進入食譜之前，先了解烹調豆類與穀類的基本步驟。首先，大多數的穀類與豆類在烹調前都必須浸泡，浸泡的方式有兩種：使用冰水放在冰箱浸泡，或是使用溫水放在室溫中浸泡。使用冰水的浸泡時間需要至少 12 小時，室溫可以加速豆鼓類泡開，所以只要浸泡 5 小時即可。接下來的食譜也會告訴你使用真空調理袋與使用玻璃罐烹調的浸泡需求差異，使用的容器不同，準備的過程也會有些不同。

加熱溫度範圍建議	50°C	55°C	60°C	65°C	70°C	75°C	80°C	85°C	90°C	95°C	100°C
魚類			▓	▓							
軟嫩肉類		▓	▓	▓	▓						
硬韌肉類				▓	▓	▓	▓				
蛋			▓	▓	▓	▓					
葉菜與根莖蔬菜類								▓	▓	▓	▓
水果類								▓	▓	▓	▓
穀類與豆類									▓	▓	▓
海鮮類			▓	▓	▓	▓	▓	▓	▓	▓	

穀類烹調的步驟

材料

- 穀類 100 公克
- 鹽水*（每公升的水加入 15 公克的鹽）

---

* 鹽水的份量取決於烹調方式：
真空調理袋：100 公克的穀類需要 50 公克鹽水。
玻璃罐：100 公克的穀類需要 150 公克鹽水。
粥：100 公克的穀類需要 200 公克鹽水（或高湯）。

① 將乾燥的穀類清洗三到四次，直到乾淨。

② 如果需要浸泡（請參考本頁表格），室溫需浸泡 5 小時，或是放入冰箱中浸泡 12 小時。要烹調小麥時，浸泡的過程則需添加小蘇打粉（每公升的水需要 5 公克的小蘇打粉）。

③ 若是要使用真空袋烹調，請先將鹽水冷凍（每公升的水加入 15 公克的鹽）。

④ 將穀類與鹽水冰塊一起裝入真空袋中──鹽水的重量為穀物的一半──然後盡量使袋子均勻鋪平。如果使用玻璃罐，鹽水則不需冷凍，並且要放較多的鹽水，鹽水量可以參考材料部分的提示。

⑤ 使用 100℃ 的滾水或蒸氣烤箱加熱。

⑥ 烹調完成後，將真空袋或玻璃罐取出，使其降溫數分鐘後再放入冰水中冷卻。千萬不要突然中斷食物的加熱過程。

穀類	浸泡時間	烹調時間	附註
燕麥	室溫 5 小時或冷藏 12 小時	約 1 小時 15 分鐘	
小麥	室溫 5 小時或冷藏 12 小時	約 3 小時	浸泡過程需要添加小蘇打粉（每公升的水加 5 公克小蘇打粉）
大麥	室溫 5 小時或冷藏 12 小時	2 小時	
藜麥	嚴格來說不需浸泡，但是清洗後可以稍浸泡 20 分鐘以去除苦味。	20 分鐘	清洗非常重要。清洗後可以用平底鍋烘乾使味道更濃郁。
蕎麥	不需要浸泡	25 分鐘	

豆類烹調的步驟

材料

- 豆類 100 公克
- 鹽水*（每公升的水加入 15 公克的鹽）
- 每公升的水加入 5 公克的小蘇打粉

---

* 鹽水的份量取決於烹調方式：
真空調理袋：100 公克的豆類需要 50 公克鹽水。
玻璃罐：1 每 100 公克的扁豆與菜豆需要 100 公克鹽水。鷹嘴豆則每 100 公克需要 150 公克鹽水。

① 將豆類清洗乾淨，約三到四次。

② 放入溫水在室溫下浸泡 5 小時，或是放入冰箱中浸泡 12 小時（浸泡鷹嘴豆及菜豆需要加入小蘇打粉，請參考下表）。浸泡豆類的水量至少要是豆類的三倍，並且每公升的水需要加入 5 公克的小蘇打粉。

③ 若是要使用真空袋烹調，先將鹽水冷凍。

④ 浸泡過後，將水瀝乾後再洗一次。

⑤ 將豆類與鹽水冰塊一起裝入真空袋中——鹽水的重量為豆子的一半——然後盡量使袋子均勻鋪平。如果使用玻璃罐，扁豆與菜豆的鹽水量與豆量相同，鷹嘴豆需要的鹽水量較多（每 100 公克的鷹嘴豆需要 150 公克鹽水）。

⑥ 使用 100°C 的滾水或蒸氣烤箱加熱。

⑦ 烹調完成後，將真空袋或玻璃罐取出，降溫數分鐘後再放入冰水中冷卻。

穀類	浸泡時間	小蘇打粉	烹調時間	附註
扁豆	室溫 5 小時或冷藏 12 小時	不需要	40 ～ 45 分鐘	
鷹嘴豆	室溫 5 小時或冷藏 12 小時	每公升的水加 5 公克小蘇打粉	3 小時 30 分鐘 ～ 4 小時	浸泡後須徹底清洗使綠色完全洗淨
菜豆	室溫 5 小時或冷藏 12 小時	每公升的水加 5 公克小蘇打粉	3 小時～3 小時 30 分鐘	浸泡後須徹底清洗

花椰菜佐義式大麥白醬

花椰菜 ⓕ 85°C / 40分鐘	大麥 ⓢ 100°C / 2小時	ⓧ 3小時	ⓜ 中等	ⓟ 四人份

⚠ 芝麻（芝麻粒、芝麻海鹽）、麩質（大麥）、乾果類

材料

- 白花椰菜 200 公克
- 青花菜 200 公克
- 紫花菜 200 公克
- 芝麻海鹽或烤芝麻
- 榛果 20 公克
- 燕麥片 10 公克
- 小茴香

義式大麥白醬

- 大麥 200 公克
- 冷水 400 公克（或冰凍水）
- 肉豆蔻
- 鹽與胡椒

美味又健康

真空烹調的大麥保留了熱量、礦物質與纖維質，再加上花椰菜豐富的葉酸與維生素 C，就是一道營養非常完整的健康料理，而且也適合乳糖不耐的人食用。

享用健康的料理卻又不會失去享受美食的樂趣。這道義式大麥白醬可以讓你輕鬆學會料理穀類，而且還可以與其他健康的食物，例如蔬菜一起享用。

義式大麥白醬

① 浸泡大麥，若是使用溫水在室溫下需要至少 5 小時，在冰箱中則需要 12 小時。

② 與兩倍的水量一起包裝後放入恆溫水槽中使用 100°C 加熱 2 小時。如果使用真空調理袋，包裝的水需要經過冷凍，若是使用玻璃罐則不用預先冷凍水。加熱完成後冷卻備用。

③ 將煮好的大麥磨碎，可以視情況加水直到大麥泥呈現白醬的狀態。

④ 使用鹽與胡椒調味，再加入肉豆蔻增添香氣。

花椰菜

① 將花椰菜與青花菜都切成中等大小後真空包裝。

② 放入 85°C 的恆溫水槽中加熱 40 分鐘後，取出冷卻備用。

盛盤

① 使用不超過 85°C 的水將花椰菜重新加熱 10 分鐘。

② 在盤中放入大麥白醬與熱的花椰菜。

③ 撒上芝麻海鹽、碎榛果與燕麥片即可。

附註

如果沒有紫花椰菜，只要有一種花椰菜就足夠了。這道菜的重點是在義式大麥白醬的搭配。

附註

這道湯品可以與不同的穀類搭配並調整加熱時間。請記得味噌要在烹調已經完成後才加入，以免破壞味噌中對人體有益的酵素。也要注意味噌的味道很濃，所以鹽巴要少放一點。

美味又健康

藻類可以歸類為超級食物，只要養成在飲食中加入少量藻類的習慣就可以提供人體必需的大量營養素。藻類含有非常高量的鈣質，比牛奶的含量高出十倍。

蔬菜蕎麥味噌湯

| ⊘ 100℃ / 25分鐘 | ⏱ 1小時 | ⦀ 中等 | ⊗ 四人份 | ! 豆類（味噌） |

材料

- 蔬菜高湯（請參考本書 331 頁）
- 煮熟的蕎麥 320 公克
- 四季豆 30 公克
- 洋蔥 30 公克
- 蘑菇 30 公克
- 韭蔥 30 公克
- 胡蘿蔔 30 公克
- 香菇 30 公克
- 金針菇 15 公克
- 綜合乾藻類 5 公克
- 白味噌 40 公克
- 鹽

味噌湯含有大量的營養，是每個家庭都應該要具備的經典湯品。如果另外加入營養豐富的穀類例如蕎麥，再加上蔬菜與藻類，這道料理就會美味與健康兼具。

① 煮熟的蕎麥備用（請參考本書 209 頁）。

② 將藻類泡水。

③ 將蔬菜切絲備用。

④ 將四季豆與胡蘿蔔用沸水煮過後備用。

❺ 將所有的蔬菜與菇類炒過後加入煮熟的蕎麥。

❻ 倒入蔬菜高湯煮 1 分鐘。

❼ 關火，加入味噌，將味噌融化在湯裡。

❽ 加入泡開的藻類，蓋上蓋子靜置 2 分鐘。

⑨ 加入適量的鹽即可盛盤。

中東豆泥與蔬菜棒沙拉

⊿ 100℃ / 3 小時 30 分鐘 | ⌛ 4 小時 | ⑪ 中等 | ⑧ 四人份 | ⚠ 芝麻（白芝麻醬）

材料

經典中東豆泥醬

- 鷹嘴豆 400 公克 + 烹煮鷹嘴豆的湯汁 30 公克
- 橄欖油 50 公克
- 白芝麻醬 4 公克（或麻油）
- 蒜頭 1 顆
- 鹽與胡椒
- 檸檬
- 小茴香 2 公克

卡拉瑪塔（Kalamata）黑橄欖中東豆泥醬

- 中東豆泥 100 公克
- 卡拉瑪塔黑橄欖 40 公克
- 橄欖油 10 公克
- 裝飾：黑橄欖與橄欖油

紅椒中東豆泥

- 中東豆泥 150 公克
- 煙燻紅椒粉 15 公克
- 橄欖油 10 公克
- 裝飾：紅椒粉與橄欖油

香料中東豆泥

- 中東豆泥 150 公克
- 小茴香 2 公克（已加入的小茴香不算）
- 四川紅椒 2 公克
- 八角 5 公克
- 薑粉 1 公克
- 香菜粉 1 公克
- 裝飾：各香料一小撮或各香料的混和

蔬菜棒

- 胡蘿蔔或迷你胡蘿蔔 100 公克
- 芹菜 100 公克（只取軟嫩的部分）
- 櫻桃蘿蔔 100 公克
- 菊苣或紫菊苣 4 顆
- 迷你大蔥 8 顆

在家裡準備中東豆泥是非常容易的，完成後再加上一些變化，只要在短短幾分鐘內即可得到不同的口味。不論是什麼樣的場合，這道料理都很適合與朋友分享。

經典中東豆泥

① 如果是在家裡使用真空烹調鷹嘴豆（使用真空調理袋或是玻璃罐的烹調方式請參考本書 211 頁），瀝乾後保留一部分烹調產生的汁液。

② 在調理機中放入煮好的鷹嘴豆、蒜頭、檸檬汁、小茴香、烹調鷹嘴豆的汁、白芝麻醬，然後與橄欖油一起磨碎，可以視情況加入更多烹調鷹嘴豆的原汁直到豆泥醬呈現滑順濃稠的質感（泥狀而非醬汁狀）。

③ 使用鹽與胡椒調味。

不同口味的中東豆泥

① 將中東豆泥與不同材料磨碎後置於碗中。

② 淋上各種不同口味豆泥的裝飾。

盛盤

① 將蔬菜切成長條後放入碗中，沾取中東豆泥醬一起食用。

你知道嗎？

中東豆泥是一道很古老的料理，從西元十二世紀就有它的存在，也因此，鷹嘴豆據稱是人類最早的耕作物之一。

美味又健康

藜麥對健康非常有益，因為它含有高生物價值的蛋白質、必需胺基酸，升糖指數很低，又有大量的維生素和礦物質。除此之外，藜麥也不含麩質。

蔬菜豆腐藜麥

| ⊛ 100°C / 20 分鐘 | ⏳ 40 分鐘 | ⊪ 中等 | ⊗ 四人份 | ⚠ 豆類、麩質（豆腐與醬油） |

材料

- 藜麥 240 公克
- 花椰菜 25 公克
- 青花菜 25 公克
- 胡蘿蔔 25 公克
- 四季豆 25 公克
- 大蔥 25 公克
- 黃椒 25 公克
- 節瓜（zucchini）25 公克
- 生薑絲 25 公克
- 豆腐 50 公克
- 水或高湯 480 公克
- 橄欖油
- 紫蘇芽葉
- 醬油

藜麥是一種營養非常完整的食物，極度建議將藜麥放入每週必吃的食譜中。這個食譜將介紹如何用簡單方式烹調藜麥，還可以將藜麥預先準備好。

① 將蔬菜類削皮，洗淨後切成不同形狀（細絲、棒狀，花椰菜及青花菜切成小朵）。

❷ 使用橄欖油將蔬菜快速炒過後冷卻。

③ 將藜麥洗過兩次後浸泡 20 分鐘。

❹ 將藜麥瀝乾後放入平底鍋烘乾後，冷卻備用。

⑤ 將藜麥放入玻璃罐中，加入兩倍量的水（或高湯）；加入蔬菜、生薑絲與豆腐丁。

❻ 放入恆溫水槽中以 100°C 加熱 20 分鐘。

⑦ 盛盤時，淋上幾滴醬油並用紫蘇葉或類似的葉子裝飾。

附註

如果用椰奶取代醬油，或是加入不同的香料，就可以為這道料理帶來完全不同的風味。也可以用真空烹調的方式做這道料理，但記得將液體先冷凍。這道料理很適合放在冰箱中保存，等要食用時再加熱或是帶到公司當午餐。

油封中卷扁豆沙拉與真空浸漬大蔥

| ⊗ 100℃ / 40～45 分鐘 | 中卷 ⊗ 55℃ / 20～30 分 | ⊗ 2 小時 | ⊗ 中等 | ⊗ 四人份 | ⊗ 頭足類海鮮（中卷） |

材料

沙拉

- 中等尺寸中卷 4 隻
- 葵花油 300 公克
- 煮熟的扁豆 400 公克

真空浸漬大蔥

- 大蔥 1 株
- 石榴醋 30 公克

油醋醬

- 青椒 50 公克
- 紅椒 50 公克
- 大蔥 50 公克
- 大蒜 1 顆
- 特級初榨橄欖油 100 公克
- 夏多內酒醋 20 公克
- 鹽

盛盤

- 煮熟的甜菜根 40 公克
- 甜菜根葉
- 石榴 1 顆

附註

這道料理可以將中卷用蔬菜、香菇或豆腐替代，即可成為素食料理。如果沒有石榴醋，也可以用其他口味比較溫和的醋取代，例如蘋果醋或氣泡酒醋，再混和一點點煮甜菜根用的水，以增加顏色與甜味。

讓我們使用細心料理的中卷將樸實的扁豆升級，在家裡也能做出完美的豆類料理。這絕對值得一試，而且使用容器烹調的成果將會令人非常滿意。

中卷

① 將中卷清潔乾淨，尤其是內部的黏膜必須去除乾淨。

② 在一個鍋中準備 55℃ 的溫熱油，放入中卷，維持油溫 55℃ 加熱 20 ～ 30 分鐘。

③ 把鍋子隔冰水冷卻或是將中卷取出放入一鍋冷油中，中斷加熱。

扁豆

① 根據使用容器烹調扁豆的參考表將扁豆煮熟（100℃ / 40 ～ 45 分鐘，請參考 211 頁）。

② 冷卻備用。

真空浸漬大蔥

① 將大蔥切成長條。

② 將大蔥及石榴醋或其他類似的替代醋放入真空罐中，配合真空幫浦重複三次抽真空的步驟，每次抽真空都要打開蓋子再蓋上。

③ 將大蔥過濾後備用。

油醋

① 將蔬菜切成小丁，與油和醋混和。

盛盤

① 在扁豆上淋上油醋及蔬菜後，放入盤或碗中當底。

② 將切開的中卷與浸漬後的大蔥、甜菜根丁與石榴果實依序放入盤中。

③ 最後使用甜菜根葉裝飾即可。

美味又健康
扁豆是種常常被遺忘的超級食物，它對健康有極大的好處，建議每個人每週應該吃 2～4 次。扁豆是植物性蛋白質的優良來源，含有非常少的脂肪，而且不含膽固醇，比起動物性蛋白質，更應該多多攝取。

從海洋到餐桌：魚類

魚類是具有極高生物價值的優良蛋白質來源。每個人每星期最好攝取 2～4 份，而且其中的一半應該要是深海魚類。

魚類含有大量的礦物質和維生素，尤其是深海魚類還含有 Omega3 等多元不飽和脂肪酸。但想要在烹調的過程中保存魚類的營養，就必須注意到有些營養素是很容易氧化的，例如前面提到的 Omega3，而且高溫也容易造成營養成分流失而降低營養價值。因此，真空烹調與低溫烹調兩項技術就變得非常重要，因為真空與低溫的烹調過程可以大量地保留住魚類所含的營養成分。

魚類的加熱溫度如果是在真空調理袋中或是浸泡在液體（例如油或醬料）時，通常是 50ºC～60ºC，如果使用烤箱則需要大約 70ºC～90ºC。不論如何，最理想的烹調成果都會令人感到驚艷，能品嘗到非常自然的味道與極佳的口感，既軟嫩又醇厚，僅僅使用一支湯匙即可食用。

下列將介紹的食譜有傳統魚類料理，和以其他文化的經典料理為靈感的新菜色，每道料理都會呈現出魚類最佳的烹調成果。

加熱溫度範圍建議	50°C	55°C	60°C	65°C	70°C	75°C	80°C	85°C	90°C	95°C	100°C
魚類	▓	▓	▓	▓							
軟嫩肉類		▓	▓	▓	▓						
硬韌肉類				▓	▓	▓	▓	▓			
蛋			▓	▓	▓	▓	▓				
葉菜與根莖蔬菜類								▓	▓	▓	▓
水果類								▓	▓	▓	▓
穀類與豆類									▓	▓	▓
海鮮類			▓	▓	▓	▓	▓	▓	▓	▓	

紅甜椒原汁鱈魚

鱈魚 🍳 50ºC / 15 分鐘 │ 紅甜椒 🌀 65ºC / 4 小時 │ ⏳ 5 小時 │ 〰 簡易 │ 👤 四人份 │ ⚠ 魚類

材料

- 紅色甜椒 4 個
- 鱈魚排 700 公克
- 細葉芹
- 辣椒 1 根
- 混和橄欖油 200 公克

附註

使用真空烹調烤過的甜椒即可萃取出它的汁液。若是想要使這道料理完美呈現，鱈魚的品質必須要非常好，才能在烹調過程中留住它的膠質。

鱈魚與甜椒有既對比又和諧的香味、口感與顏色。我們將會透過雙重烹調法使紅椒的汁液、濃度與鮮甜味都更強烈，將紅椒的口味發揮到極致。

甜椒

① 將甜椒放入 180ºC 的烤箱中，烤到熟透且能將皮剝下的程度，即可冷卻。

② 將甜椒去皮後使用真空調理袋包裝，放在恆溫水槽中以 65ºC 加熱 4 小時。

③ 烹調完成後將真空調理袋放入冰水中冷卻。

④ 一旦冷卻，便將甜椒過濾與汁液分開存放。

⑤ 將甜椒肉磨碎成滑順的甜椒泥。

鱈魚

① 將一鍋橄欖油與辣椒以直火從室溫開始加熱至 55ºC，維持 55ºC 持續加熱 10 分鐘。

② 之後放入鱈魚，再以相同的溫度持續加熱 15 分鐘。

③ 小心將鱈魚取出，避免魚肉散開，並仔細瀝乾。

④ 在盤中先鋪上一層已經隔水或用微波爐加熱過的甜椒泥。

⑤ 小心地放上鱈魚。

⑥ 淋上甜椒原汁。

⑦ 用一小束細葉芹裝飾。

美味又健康

雖然名氣不如柳橙，但紅甜椒的維生素 C 是柳橙的兩倍，所以當然要好好將紅甜椒的優點發揮出來。

附註
可以先將酸豆泡在冷水中 15 分鐘以去除過多的鹽份與醋。

法式麥年醬（Meuniere）比目魚

比目魚 55ºC / 15分鐘 | 2小時 | 難 | 四人份 | 魚類（比目魚）、乳製品（牛油）

材料

- 比目魚 4 條
- 魚骨 1/2 公斤
- 鹽水 1.5 公升（100 公克鹽對 1 公升水）
- 荷蘭豆 160 公克
- 酸豆 20 公克
- 馬鈴薯 200 公克
- 葵花油 160 公克
- 礦泉水 200 公克
- 細葉芹
- 洋香菜
- 牛油 80 公克
- 檸檬

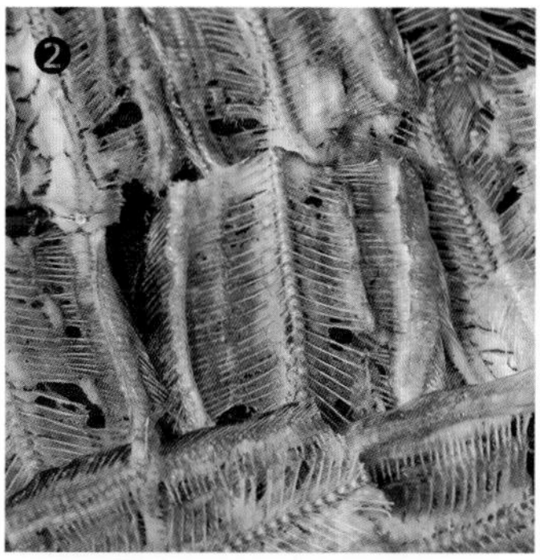

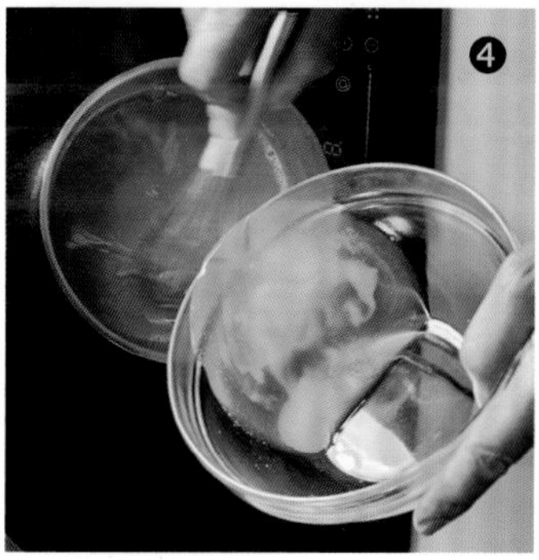

這道經典料理將會透過我們的烹調變得更美味。醬料既美味又細緻，而且比傳統的法式麥年醬來得清爽。

比目魚

① 將比目魚清洗乾淨，去掉魚頭、魚皮，保留魚鰭。

② 將比目魚泡入鹽水後放進冰箱冷藏浸泡 15 分鐘。

③ 瀝乾後使用真空包裝。

法式麥年醬

① 澄清牛油：先將牛油用小火融化，將浮起來的泡沫撈掉。持續加熱直到牛油呈現焦黃榛果色。

❷ 將魚骨與魚鰭一起放在烤盤上，加入幾滴油，以 180ºC 烤 40 分鐘。

③ 將烤好的魚骨魚鰭剁開放入鍋中，以 200 公克的水使用恆溫 80ºC 加熱 1 小時，過濾。

❹ 高湯完成後，使用榛果牛油、幾滴檸檬汁與切碎的西洋菜乳化。

配菜

① 將酸豆使用 180ºC 的油炸至酥脆後，過濾出來並使用吸油紙吸去多餘的油。

② 荷蘭豆及馬鈴薯使用真空（或滾煮）烹調。

盛盤

① 將真空包裝的比目魚放入恆溫水槽，使用 55ºC 加熱 15 分鐘。

② 視情況可將配菜放入鹽水中以低溫重新加熱。

③ 比目魚烹調完成後，放入平底鍋或鐵板，用牛油與 1 湯匙的葵花油（避免牛油燒焦）將魚的兩面各煎 30 秒。

④ 將魚與配菜盛入盤中，加上酸豆，淋上牛油醬，使用細葉芹裝飾即可。

黑腸燉飯佐沙丁魚

煮飯 / 15分鐘 | 沙丁魚餘熱 / 3分鐘 | ⊗ 3小時 | ⑪ 中等 | ⊗ 四人份 | ⓘ 魚類、麩質（黑腸）

材料

- 沙丁魚排 8 片
- 鹽水 300 公克（100 公克鹽對 1 公升水）
- 黑香腸 100 公克
- 雞肉濃縮高湯 1.2 公升（參考本書 331 頁）
- 米 400 公克
- 鹽

炒蔬菜

- 洋蔥 2 顆
- 紅椒 1/2 個
- 青椒 1/2 個
- 橄欖油

洋香菜油

- 橄欖油 50 公克
- 洋香菜末 1 小匙

這道燉飯只需要一些經過細心烹炒的蔬菜，與使用燉飯餘溫煮熟的新鮮沙丁魚，就能成為簡單又好吃的一道料理。

① 將沙丁魚放入冰鹽水中浸泡 5 分鐘。

② 將沙丁魚去骨挑刺後備用。

③ 將洋蔥切小丁，放入將用來煮飯的鍋子裡，用小火炒 20 分鐘。

④ 將青椒與紅椒切成小丁，放入洋蔥的鍋子裡，使用小火加熱至完全出水；這個過程可能會超過 2 小時。

⑤ 加入白米，攪拌均勻後倒入煮滾的高湯繼續煮。

⑥ 10 分鐘後加入黑香腸丁，加鹽調味。

⑦ 當米飯持續滾了 15 分鐘後，關火，加入沙丁魚，蓋上蓋子靜置 3 分鐘。

⑧ 之後淋上幾滴洋香菜油就可以食用。

美味又健康

白米是不含麩質的穀物，是麩質過敏者的好朋友，也是魚、肉、葉菜等良好的營養補充選擇。沙丁魚含有 Omega3 脂肪酸、優良的蛋白質，以及鐵、碘與磷等礦物質，還有重要的維生素 D 與 B_{12}。

附註

只要不到 45ºC 的溫度即可將沙丁魚烹調至最佳熟度，所以只要使用燉飯的餘溫就能將沙丁魚料理完成。

烤鮟鱇魚佐橄欖與番茄

🍲 90°C / 12～15分鐘 │ ⏲ 1小時 │ ⦀ 簡易 │ ⑧ 四人份 │ ① 魚類

材料

- 500 ～ 600 公克的鮟鱇魚尾 2 條
- 鹽水 1/2 公升（100 公克鹽對 1 公升水）
- 綜合橄欖 200 公克
- 醃蒜頭 4 顆
- 橄欖油 80 公克
- 酸豆 40 公克
- 櫻桃番茄 200 公克
- 百里香
- 迷迭香
- 陳年紅酒 50 公克
- 鹽與胡椒

首先將**鮟鱇魚煎上色**，讓魚肉更有味道，之後再用烤箱以小火加熱，讓魚肉更香，直到達到完美熟度。這道料理沒有什麼祕訣，但是口感卻很濃郁。橄欖與番茄扮演了非常重要的角色。

① 將 2 條鮟鱇魚尾洗淨切開。

② 將切好的魚排泡入鹽水後放進冰箱冷藏浸泡 20 分鐘。

❸ 將魚肉取出瀝乾，快速使用平底鍋煎至兩面金黃。

④ 將百里香與迷迭香草切碎，與油、鹽巴與胡椒均勻混和成香草油。

❺ 在烤盤上放入煎好的魚、陳年紅酒、洗好的番茄、切開的橄欖、酸豆、蒜頭以及一半的香草油。

⑥ 將烤盤放入烤箱中以 90°C 烤 12 ～ 15 分鐘（依魚肉大小調整，但是魚肉中心溫度要達到 55°C）。

⑦ 將烤盤從烤箱中取出，淋上剩下的香草油，使這道料理帶有新鮮風味。

美味又健康

番茄含有大量的茄紅素——加熱後的番茄會釋放更多茄紅素，茄紅素是一種胡蘿蔔素，有益健康且能夠預防前列腺癌等的疾病。

附註

雙重烹調法非常適合肉質比較硬的魚，例如鮟鱇魚。但是如果是很新鮮的紅鯔魚（red mullet）或鱸魚排也適用。如果想要有更濃郁的味道，也可以加入火腿或醃培根，或稀釋過的雪莉酒。

泰式紅咖哩椰奶鬼頭刀

⌂ 50°C / 4分鐘 | ⌛ 1小時 | ⑪ 中等 | ⑧ 四人份 | ① 魚類

材料

鬼頭刀
- 鬼頭刀魚排 4 片
- 鹽

米飯
- 長米 200 公克
- 羽衣甘藍葉
- 薑
- 葵花油 50 公克

醬料
- 大蔥 1 根
- 生薑 20 公克
- 紅咖哩醬（或咖哩粉）5 公克
- 檸檬草 1 片
- 葵花油 50 公克
- 香菜 1 把
- 椰奶 250 公克
- 蔬菜高湯 100 公克（請參考本書 331 頁）
- 黃辣椒 1 根
- 萊姆

附註

這道料理的魚肉可以有不同的切法：切丁、魚排、魚塊都可以。但是請注意因為魚肉切割的厚度不同，烹調時間也會有差異。如果是一塊中等大小的魚肉大約需要 7 或 8 分鐘，魚排則需要 15 分鐘左右，可以此作為參考的依據。

你也可以嘗試使用其他文化的傳統食材做料理，例如檸檬草與薑，在低溫烹調後會使鬼頭刀魚排帶有柑橘香與微微的辣度。只要將魚肉浸泡到紅咖哩椰奶醬裡面幾分鐘，就能得到充滿刺激與濃郁香氣的口感。

鬼頭刀
① 將魚排洗淨，切成薄片後抹鹽調味並保存備用。

米飯
① 將 2 片羽衣甘藍葉洗淨後放入滾水裡，使葉子與菜梗分開。葉子只需要不到 3 分鐘，菜梗不到 10 分鐘即可烹調完成。冷卻後保存備用。
② 將米加入大量的鹽水中（15 公克鹽對 1 公升的水）。煮熟後將米飯瀝乾。
③ 在平底鍋中加入油、薑絲一起加熱，油熱後加入羽衣甘藍葉與切成中等大小的菜梗丁拌炒數秒，再加入煮好的米飯，續炒 1 分鐘即可。

醬料
① 準備檸檬草。將尾部及頂端去掉，只留下中段，將表面剝除掉幾層，就像在剝蒜苗一樣。之後如同搗蒜般，用刀柄或搗棒將檸檬草擠壓後切成片。
② 將大蔥切成細絲，加入葵花油、薑絲與檸檬草一起煮。
③ 煮好後，加入蔬菜高湯一同煮沸 5 分鐘。
④ 之後加入椰奶、咖哩醬、切碎的香菜，再煮 1 分鐘，用鹽與胡椒調味。

盛盤

① 將切成薄片的魚排直接放入醬料鍋中，以 50ºC 加熱 3 分鐘後熄火。靜置 1 分鐘。

② 將做法 1 倒入碗中，加入香菜末、萊姆絲以及一些黃辣椒片。

③ 與羽衣甘藍炒飯一起上菜。

美味又健康

檸檬草對健康很有幫助，它有助消化，同時也能幫助舒緩神經、鎮痛、抗憂鬱、修復肌膚與祛痰。

番茄烤鱸魚佐黑橄欖美乃滋

🍱 90℃ / 15分鐘 | ⏲ 1小時30分鐘 | ⑪ 簡易 | ⑧ 四人份 | ⓘ 蛋類（美乃滋）、魚類

材料

鱸魚

- 150 公克的鱸魚排 4 片
- 鹽水 1 公升（100 公克鹽對 1 公升水）
- 橄欖油

百里香油

- 橄欖油 50 公克
- 百里香 1 支
- 鹽
- 胡椒

番茄

- 熟番茄 300 公克
- 橄欖油 50 公克
- 百里香
- 鹽與胡椒

黑橄欖美乃滋

- 美乃滋 60 公克
- 西班牙阿拉貢省（Aragón）黑橄欖 100 公克
- 精煉橄欖油 50 公克

美味又健康

鱸魚因為優秀的肉質與味道，一直都是美食界的寵兒，除此之外，鱸魚的熱量也非常低，脂肪含量稀少。

這道鱸魚料理將搭配經典的橄欖與番茄烹調，是一道帶有地中海風味的佳餚，只要烹調得當，絕對可以成為你家裡最經典的一道招牌美食。

百里香油

① 使用刀子將百里香切碎。

② 與橄欖油、鹽與胡椒混和後備用。

番茄

① 在滾水中煮番茄。

② 將番茄剝皮，切成四等分，去掉番茄籽，將果肉切成小丁。

③ 在平底鍋中快速的加入一點油與百里香來炒番茄，用鹽與胡椒調味。

④ 離火後放置一旁備用。

黑橄欖美乃滋

① 保留幾顆黑橄欖盛盤裝飾時使用，將剩下的黑橄欖與少許黑橄欖汁和50公克的橄欖油一起搗碎，直到呈現泥狀，然後過篩。

② 將橄欖泥與美乃滋均勻混和。

鱸魚

① 將鱸魚浸入冰鹽水中 15 分鐘後瀝乾。

② 使用不沾鍋，以大火將鱸魚片帶皮的一面煎至金黃。要輕輕地用鍋鏟壓著魚肉，避免魚肉受熱捲縮。

③ 將魚排放入烤箱中以 90℃ 烤大約 15 分鐘——依尺寸大小，時間可能要做調整。

盛盤

① 先在盤中放上一層炒好的番茄丁做底。

② 將鱸魚排放在番茄丁上。

③ 在盤中將黑橄欖美乃滋抹成水滴狀。

④ 淋上百里香油再用黑橄欖丁裝飾即可。

附註
這道料理當然也可以使用不
同的白肉魚，例如鱈魚、鮟
鱇魚或是任何你喜歡的魚
類。美乃滋也可以改成青醬
或是黃豆口味。

Pil Pil 醬汁湯底 ❺

盛盤 ❷

盛盤 ❷

Pil Pil 醬汁香蒜鱈魚佐醋漬辣椒與萊姆

Pil Pil醬汁 ⊘ 65℃ / 2小時 | 鱈魚 ☺ 65℃ / 15分鐘 | ⊗ 2小時30分鐘 | ⑪ 難 | ⑧ 四人份 | ① 魚類

材料

- 鱈魚 1/2 公斤 1 條
- 鹽水 1/2 公升（100 公克鹽對 1 公升水）
- 冷凍橄欖油 200 公克（請參考本書 163 頁）
- 大蒜 3 顆
- 紅辣椒 1 根
- 葵花油 200 公克
- 檸檬 1 顆
- 萊姆 1 顆
- 醋漬辣椒（Piparras）2 根

美味又健康

對於不能攝取鹽的人來說，柑橘類在準備魚的過程中是很好的鹽替代品。

你敢嘗試烹調很精緻、充滿小細節的料理嗎？目標：取出並善加利用魚肉的膠質。提示：一絲不苟地控制時間與溫度的數值。

Pil Pil 醬汁湯底

① 將鱈魚洗乾淨後，把魚頭切下。

② 將魚眼睛與鰓去掉，把魚頭清洗乾淨。

③ 將魚頭放入冰塊水中浸泡 30 分鐘，使血水徹底去除乾淨。

④ 把魚頭與 2 顆蒜頭和冷凍的橄欖油冰塊一起真空包裝。

❺ 將調理袋放入 65℃ 的恆溫水槽中加熱 2 小時，然後冷卻。

鱈魚

① 將鱈魚切成大約 170 公克重的魚排，將魚排浸泡在鹽水中 15 分鐘後取出備用。

② 在平底鍋中放入蒜頭與紅辣椒，加入葵花油後加熱到 60℃。

③ 把鱈魚排放入平底鍋中，以 60℃ 加熱 15 分鐘。

盛盤

① 將魚頭調理袋中的湯汁倒入鍋中加熱至 55℃。

❷ 將湯汁倒入較深的玻璃瓶中，使用攪拌器像攪拌美乃滋一樣攪拌均勻，同時加入幾滴萊姆汁及半根磨碎的醋漬辣椒與少許辣椒汁，直到湯汁呈現 Pil Pil 醬汁適當的濃稠度。

③ 把 Pil Pil 醬汁放入鍋中以直火加熱至 60℃。

④ 把鱈魚排放入盤中，用溫熱的 Pil Pil 醬汁覆蓋鱈魚排，加上幾片醋漬辣椒片。

⑤ 用少許的萊姆絲與檸檬絲裝飾。

附註

要得到鱈魚的膠質，必須確保鱈魚是高品質且新鮮的。

美味又健康

因為結合了鯖魚豐富的 Omega3
脂肪酸以及特級初榨橄欖油的單
元不飽和脂肪酸、維生素、礦物
質與蔬菜的纖維質，這道料理對
促進心血管健康非常有益。

滷蔬菜與油封鯖魚

鯖魚 🕙 50°C / 12分鐘 | 蔬菜 🌀 85°C / 1小時 | ⊠ 2小時 | ⑪ 中等 | ⑧ 四人份 | ⓘ 魚類

材料

滷蔬菜

- 特級初榨橄欖油 60 公克
- 紅酒醋 10 公克
- 大蒜 2 顆
- 朝鮮薊 2 個
- 大頭菜 30 公克
- 雞油菌菇 8 個
- 四季豆 2～3 根
- 花椰菜 30 公克
- 青椒與紅椒 30 公克
- 胡蘿蔔 30 公克
- 馬鈴薯 50 公克
- 小白蘿蔔 6 個
- 百里香
- 鹽與胡椒

鯖魚

- 大尾的鯖魚 2 尾（或中等尺寸 4 尾）
- 葵花油 200 公克
- 黑白胡椒
- 鹽水 1/2 公升（100 公克鹽對 1 公升水）

裝飾

- 西洋菜或甜菜根葉

我們的奶奶都很聰明，早就知道滷汁對於保存食物以及增添料理風味都很有效果，不論是沙丁魚、白腹鯖魚、蘑菇類、野味或是禽鳥類都適用。在二十一世紀的今天，配合低溫烹調，不但食材本身的風味不會流失，味道還能變得更濃郁，而且口感更佳，就以這道常見的油封鯖魚為例，它將成為一道精緻佳餚，而且只要一支湯匙即可輕鬆享用。

滷蔬菜

① 將蒜頭使用少許橄欖油煎至金黃，把火關小，加入剩下的橄欖油，醋與其他香料（百里香、鹽與胡椒）。使用小火加熱 1 分鐘。冷卻備用。

② 將所有的蔬菜清洗乾淨。切成不同形狀（長條、丁或片），但是大小要相似。

③ 將所有的蔬菜放入玻璃罐中，加入冷卻的油，將玻璃罐蓋好。

④ 把玻璃罐放入 85°C 的恆溫水槽中加熱 1 小時。

⑤ 將玻璃罐從水槽中取出，先用溫水降溫，再在水槽中緩緩加入冰塊使其冷卻。

鯖魚

① 將鯖魚洗淨後挑刺，然後放入冰鹽水中浸泡 7 分鐘後取出瀝乾。

② 將鯖魚放入加了胡椒的葵花油中，以恆溫 50°C 加熱 12 分鐘。如果是用 4 尾中等大小的鯖魚，烹調時間則縮短為 8 分鐘。

盛盤

① 將鯖魚皮去掉。

② 把鯖魚放在盤中，加上滷好的蔬菜，使用西洋菜或甜菜根葉裝飾即可。

附註

鯖魚也可以用沙丁魚或白腹鯖魚代替。

甲殼類及軟體類：海鮮

在這個項目裡包含了貝類、頭足類與甲殼類海鮮。這些食材都含有優質的蛋白質，油脂含量低，又有豐富的礦物質與維生素。

貝類海鮮是鐵質最好的來源之一，而且它還含有重要的礦物質例如鋅、鈣、硒、磷與維生素 A、B。在低卡的飲食與預防貧血方面是非常好的選擇。低溫烹調貝類可以避免好的脂肪氧化與礦物質流失。

頭足類海鮮的肉有非常低的脂肪以及維生素 B_3 與 B_{12}，而在礦物質部分則有非常豐富的磷、鉀與鎂。使用低溫烹調後的肉質會較為軟嫩易消化，烹調後的肉質也會比較可口。

甲殼類海鮮雖然脂肪含量低，但是膽固醇含量不少，所以建議不要過度食用。但是甲殼類海鮮也是很好的維生素 B_{12} 與碘、鐵與鈣質的來源。

使用低溫或真空烹調海鮮與頭足類海鮮的方式還不普遍，但是我們認為這樣的烹調方式很有趣，因為它提供了不同的優點。例如，如果使用真空烹調貝類，就可以善加利用貝類本身流出來的湯汁，又能避免氧化與營養流失。

使用真空烹調的方式處理貝類海鮮時，烹調時間相對短暫，加熱溫度也很低，所以烹調後的料理必須馬上食用，因為烹調時使用的溫度會比想要保存食物時需要達到的安全溫度低很多。

如果使用真空烹調貝類，就可以善加利用貝類本身流出來的湯汁。

海鮮烹調的時間與溫度也與殼的尺寸與種類有密切的關係。大致上來說，殼比較厚的海鮮需要的溫度會比殼較薄的海鮮高。例如在烹調竹蟶或是小淡菜時，加熱溫度介於 65°C ～ 100°C 之間，但是牡蠣、淡菜、蛤蜊或是海扇貝就需要用 85°C ～ 100°C 加熱。

如果在真空烹調時要使用醬料，記得要先將醬料冷凍，口味可以做的比平常重一點，以免海鮮在烹調時產生的水分過度稀釋醬料。

頭足類海鮮可以用兩種不同方式烹調。使用 55°C 的溫度，配合較短的時間快速地使肉質軟嫩，並且保留食材新鮮的口味，或是使用較長的時間與較高的溫度烹調，例如 70°C，這樣可以使肉質非常軟爛，但是食材原本的味道也會被改變。以章魚為例，因為章魚的肉質很紮實又有韌性，烹調時就必須使用較高的溫度，也需要較長的加熱時間，你可以使用不同的 T&T 組合來找到你最喜歡的烹調成果。

加熱溫度範圍建議	50°C	55°C	60°C	65°C	70°C	75°C	80°C	85°C	90°C	95°C	100°C
魚類		■	■	■							
軟嫩肉類	■	■	■	■							
硬韌肉類					■	■	■				
蛋				■	■	■					
葉菜與根莖蔬菜類								■	■	■	■
水果類								■	■	■	
穀類與豆類											
海鮮類			■	■	■	■	■	■	■	■	■

法式美乃滋洋蔥小卷

🌡 55ºC / 20～30 分鐘 │ ⏲ 3 小時 │ ⑪ 難 │ 🍽 四人份 │ ⓘ 麩質、蛋製品（美乃滋）、頭足類海鮮

材料

小卷

- 小卷 12 ～ 16 尾
- 葵花油 400 公克
- 鹽水 0.6 公升（100 公克鹽對 1 公升水）

洋蔥圈

- 洋蔥 3 顆
- 濃縮雞骨高湯 500 公克（請參考本書 331 頁）
- 洋菜 3.5 公克
- 混和橄欖油 50 公克

小卷醬料

- 葵花油 40 公克
- 水 200 公克
- 橄欖油 10 公克
- 鹽

法式美乃滋（Rouille）

- 煮熟馬鈴薯 1 顆
- 諾拉（Ñora）辣椒 1 根
- 美乃滋 20 公克
- 大蒜 1 顆
- 番紅花 4 根
- 烤麵包 4 片
- 鹽

盛盤與裝飾

- 青蔥

附註

如果你不想讓洋蔥失去原本的口感，也可以使用經典方式呈現這道料理（將洋蔥用小火稍微炒過）。小卷也可以使用真空烹調，或以冷盤沙拉的方式食用。

這是西班牙傳統洋蔥小卷的升級版本。我們將讓小卷變成一道高級的美味，並且讓小卷帶有細緻的洋蔥味，洋蔥在這道料理中既不能過度搶味，也絕對不能缺少。

洋蔥圈

① 將洋蔥切成細長條，與橄欖油一起放入鍋中，以非常溫和的方式加熱（會需要花費較多時間），直到洋蔥呈金黃色。

② 加入雞骨高湯並續煮 30 分鐘。完成後的湯汁會非常濃郁並且有很濃的洋蔥味，整體重量約 400 公克。

③ 將高湯過濾，留下一部分作為小卷的醬料，剩下的 80% 則作為我們正在料理的洋蔥基底。

④ 將這 80% 的湯汁加入洋菜，煮至沸騰後維持 30 秒。

⑤ 將湯汁倒進一個平面的容器中。待湯汁凝固成凍後，使用模具將湯凍切成一個個洋蔥圈的形狀。

小卷醬料

① 將小卷洗乾淨，將肉鰭與頭切下備用。小卷內部一定要盡可能洗乾淨。

② 將頭與鰭放入平底鍋中，用葵花油煎至上色，用冷水覆蓋後煮至滾，維持 30 分鐘後將湯汁濾出來。

③ 把小卷的湯汁與做洋蔥圈時保留的湯汁混和。

④ 加入橄欖油與湯汁均勻攪拌後加鹽調味。

法式美乃滋

① 在磨缽中將煮熟的馬鈴薯與去掉芽的大蒜和鹽搗碎。

② 加入去皮泡水過的諾拉辣椒與稍微烤過的番紅花。

③ 加入美乃滋均勻攪拌後，塗抹在烤吐司上。

小卷

① 將小卷放入鹽水中浸泡 5 分鐘。瀝乾。

② 將小卷直接浸入葵花油槽中，以 55ºC 恆溫加熱 20 ～ 30 分鐘後瀝油。

盛盤與裝飾

① 在一個大湯盤中依序放入洋蔥圈、小卷、抹好美乃滋的烤吐司，在撒上蔥花裝飾。

② 等到要食用的時候再淋上小卷醬。

美味又健康

洋蔥含有豐富的類黃酮與硫化物，還有抗癌與殺菌的功能，非常適合加入每天的飲食之中。

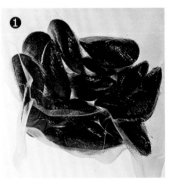

香檸淡菜

90ºC / 2 分鐘 30 秒 | 30 分鐘 | 簡易 | 四人份 | 貝類（淡菜）、乳製品（鮮奶油）

材料

- 小淡菜 1 公斤
- 萊姆 1 顆
- 檸檬 1 顆
- 玉米糖膠：每公升的淡菜汁加 3 公克
- 脂肪含量 35% 的鮮奶油 30 公克
- 香菜芽或香菜末

簡單、快速、濃郁、新鮮、海味……這道料理善用了所有的淡菜原汁，將原汁變成醬料，會令人回憶起海邊，或是第一次品嘗到大海的味道。

❶ 將淡菜清洗乾淨後真空包裝。

❷ 把真空包裝好的淡菜放入 90ºC 的恆溫水槽中加熱 2 分鐘 30 秒後，放入冰水槽冷卻。

❸ 將真空袋打開，把淡菜原汁濾出來備用。

④ 將原汁秤重，才可以計算需要加入多少的玉米糖膠。

⑤ 一邊攪拌加入玉米糖膠的原汁，一邊加入鮮奶油。

⑥ 小心的打開淡菜，把上層的殼移除。

⑦ 將淡菜放置在裝滿碎冰的碗中。

❽ 在每個淡菜裡加入 1 小匙醬料。

❾ 撒上檸檬皮與萊姆皮的細絲，撒上香菜。

美味又健康

淡菜是含鐵最豐富的食材之一，除了脂肪含量很低以外，價格也很親民，如果要做為日常料理，淡菜就是一個完美的選擇。

附註

鮮奶油也可以用椰奶取代。

清蒸蝦佐海藻

| ⓐ 90°C / 3 分鐘 | ⓑ 2 小時 + 浸泡杏仁 12 小時 | ⓒ 難 | ⓓ 四人份 | ⓔ 乾果類（杏仁）、甲殼類海鮮 |

材料

杏仁大蒜冷湯

- 生杏仁 300 公克
- 礦泉水 360 公克
- 大蒜 1/2 顆
- 陳年雪莉酒醋 15 公克
- 特級初榨橄欖油 20 公克
- 鹽

米醋糖漿

- 水 100 公克
- 糖 30 公克
- 米醋 25 公克
- 鹽

使用米醋糖漿真空浸漬海藻

- 海帶芽 5 公克
- 海帶芽梗 2 公克
- 紅鹿角菜 3 公克
- 藍鹿角菜 3 公克
- 紅柳葉藻 3 公克
- 寒天 3 公克
- 白雞冠藻 3 公克

蝦

- 蝦 12 隻
- 雪莉酒 150 公克
- 鹽水（100 公克鹽 / 1 公升水）
- 混和橄欖油

盛盤

- 橄欖油 10 公克

完成這道精緻，充滿酒香的清蒸蝦其實只需要 2 分鐘，但是我們還加入了大蒜杏仁冷湯與一些海藻——沒錯，完整呈現這道料理將會遠遠超過 2 分鐘，但是這些時間是值得的。

大蒜杏仁冷湯

① 將杏仁用 360 公克的水浸泡 12 小時。

② 將大蒜對半切開後去掉蒜芽（如果有的話）。

③ 將所有的材料混和：杏仁、水、蒜、醋與油，然後一起磨碎。

④ 過篩並加鹽調味。

米醋糖漿

① 將所有材料混和後煮沸，要不斷攪拌確保糖均勻融化。

② 冷卻備用。

使用米醋糖漿真空浸漬海藻

① 將所有的乾海藻放入一個裝有冷水的碗，浸泡 1 小時。

② 將水過濾掉後，與糖漿一起放入有蓋子上有真空閥的容器，然後使用手動真空幫浦將容器抽真空。

③ 抽真空的步驟要重複 3 ～ 4 次。之後把蓋子打開，取出藻類，稍微過濾一下，放入容器備用。

蝦尾

① 將蝦子清洗乾淨，將蝦頭去掉保存。

② 將蝦剝殼，去泥腸。然後放入鹽水中浸泡 5 分鐘。

③ 用小刀將蝦以縱向切開至蝦身一半的長度。

④ 在鍋中放上蒸籠，倒入雪莉酒，加熱至 90°C。

⑤ 把蝦子放入蒸籠，蓋上蓋子，維持 90°C 蒸 3 分鐘。

⑥ 將蒸熟的蝦子取出。

⑦ 在加有橄欖油的平底鍋中把蝦頭兩面炒過，加鹽調味後備用。

盛盤

① 使用有深度的盤子，在盤底先放入冷湯。在盤中央放入海藻，
　 將 3 隻蝦子平均置於海藻上方，再加上一個炒過的蝦頭。

② 最後在盤中淋上幾滴橄欖油。

附註

可以使用蔬菜高湯或是魚高湯
來降低雪莉酒的濃度，或是用
蔬菜與海藻高湯完全取代雪莉
酒，再用薑增添香氣。除了使
用食譜裡建議的藻類，你也可
以利用專賣店裡已經混和好的
現成綜合藻類。

觀賞影片

烏賊佐豌豆泥

| 烏賊 55ºC / 30～40分鐘 | 豌豆 100ºC / 20分鐘 | 1小時30分鐘 | 中等 | 四人份 | 頭足類海鮮 |

材料

- 烏賊 4 隻
- 蔥白 1 根
- 烏賊墨汁 30 公克
- 薄荷葉 12 片
- 葵花油 200 公克
- 鹽水 1/2 公升
  （100 公克鹽 / 1 公升水）
- 薄荷膠 50 公克（參考本書 332 頁）

豌豆泥

- 豌豆 210 公克

附註

烏賊可以用中卷替代。如果不想浪費太多油，使用真空烹調也是不錯的烹調方式，但是真空烹調就需要先將油冷凍後才能加入真空調理袋。

這是以全新的烹調方式詮釋傳統的菜色組合，不像傳統燉煮方式會將所有味道融合在一起，在這道料理中我們保留住兩個主要食材的特色，入口時，味蕾可以同時品嘗到兩種味道，也能細細品味出不同的層次感受。

① 將烏賊清洗乾淨。

② 在鹽水中浸泡 10 分鐘後瀝水並仔細擦乾。

③ 將烏賊浸入油槽中以 55ºC 恆溫加熱 30 ～ 40 分鐘。

④ 加熱完成後，隔水冷卻。

⑤ 將烏賊從油中瀝出，切成大塊長方形，然後在表面劃幾道橫刀與斜刀，使烏賊塊表面呈現菱形的花紋。

豌豆泥

① 將豌豆與 4 片薄荷葉真空包裝，放在恆溫水槽中以 100ºC 加熱 20 分鐘。

② 加熱完成後，馬上將豌豆磨成泥，加鹽調味。

盛盤

① 在一個深盤子中放入熱的豌豆泥與烏賊——烏賊已經稍微用溫油重新熱過或快速用平底鍋煎過，表面也有菱形劃刀處理。

② 在豌豆泥上滴幾點烏賊墨汁與薄荷膠。

③ 使用很細的蔥白片與小薄荷葉裝飾即可。

美味又健康

這是一道結合了兩種超級食物，兼具傳統與營養均衡的料理：烏賊是一種頭足類海鮮，富含優質蛋白質、鐵與碘；豌豆則具有豆類與蔬菜的營養，熱量、蛋白質、纖維質、維生素與礦物質都包含在這小小的豆子裡。

竹蟶佐三色醬料

⊘ 65°C / 6～7 分鐘	⏲ 2 小時	⏸ 中等	⊗ 四人份

① 貝類海鮮（竹蟶）、乳製品（帕馬森起司）、乾果類（松果）

就像之前做過的淡菜一樣，這道竹蟶料理加上三種不同的清新醬料將會讓你感受到海洋的味道。

材料

- 竹蟶 36 個
- 鹽

番茄醬

- 熟番茄 2 顆
- 糖 3 公克
- 檸檬百里香 1 束
- 橄欖油
- 洋蔥 1/2 顆

青醬

- 帕馬森起司 20 公克
- 羅勒葉 15 片
- 大蒜 1/2 顆
- 松果仁 15 公克
- 初榨橄欖油 60 公克
- 鹽

檸香醬

- 烹煮竹蟶的湯汁 80 公克
- 萊姆 1 顆
- 薑粉
- 玉米糖膠
- 柚子 1 顆
- 檸檬香蜂草葉

附註

在處理海鮮時，包裝好就馬上烹調是得到完美成果的重要關鍵。冷卻時也要在同一個調理袋中冷卻，才能妥善地保存海鮮食材的原汁，在這道料理中的竹蟶就是很好的例子。

竹蟶

① 將 50 公克的鹽與 1 公升的冰水混和。

② 將竹蟶浸泡在混和好的鹽水中 1 小時，使泥沙沉澱乾淨後瀝乾。

③ 即將烹調時，使用真空調理袋包將竹蟶裝起來。

④ 使用恆溫水槽以 65°C 加熱 6 ～ 7 分鐘後，將調理袋用冰水冷卻。

⑤ 把烹調產生的竹蟶原汁保存起來，稍後做香檸醬會用到。

⑥ 把竹蟶上層的殼剝掉。

番茄醬

① 將洋蔥切成碎丁，使用少許油在平底鍋中以小火炒洋蔥丁。

② 將番茄去皮去籽後切成丁，一小部分保留做裝飾用，剩下的番茄丁則加入快要炒好的洋蔥裡。

③ 在平底鍋中炒兩分鐘後，加入檸檬百里香與糖，再過兩分鐘後即可離火。

青醬

① 將松果仁放入平底鍋中，使用小火烘烤（或放入烤箱烤 10 分鐘）。保留一小部分裝飾用。

② 將剩下的松果仁放入食物處理機中。

③ 把大蒜剝皮後，切碎，也放入食物處理機中。

④ 加入羅勒葉（保留小片的葉子與花做裝飾用）與橄欖油。再放入鹽與帕馬森起司，啟動食物處理機，磨至所有的材料呈現均勻的醬料狀。

香檸醬

① 在烹煮竹蟶產生的湯汁中加入薑粉、少許萊姆皮絲與萊姆汁。

② 使用玉米糖膠調整濃稠度，每公升的液體需要 3 公克玉米糖膠。

③ 將一瓣柚子切成丁。保留做為裝飾用。

盛盤與裝飾

① 準備三種不同的竹蟶

- 竹蟶佐番茄醬，番茄丁與檸檬百里香葉。
- 竹蟶佐青醬，羅勒葉與花和松果仁。
- 竹蟶佐香檸醬，柚子丁與檸檬香蜂草葉（或任何有柑橘味的葉子）。

美味又健康

竹蟶就與其他的貝類海鮮一樣，含有優質的蛋白質與豐富的礦物質：碘、鐵、鈣、鈉、磷與鎂。

青醬蛤蜊

〽 90℃ / 3 分鐘 ｜ ⧗ 1 小時 30 分鐘 ｜ ⑪ 簡易 ｜ ⑧ 四人份 ｜ ① 貝類、魚類、麩質

材料

- 蛤蜊 600 公克

青醬

- 大蒜 6 顆
- 洋香菜 1 把
- 魚骨高湯 200 公克
- 麵粉 25 公克
- 鹽
- 混和橄欖油

美味又健康

洋香菜是含有最多維生素 C 的食物，因此是非常好的抗氧化物。蛤蜊可以提供磷、碘、鐵與銅等礦物質。碘是促進細胞代謝與製造甲狀腺素的重要元素。

這道料理沒有什麼祕訣，但是如果使用真空烹調蛤蜊與青醬卻能讓料理變得極美味，就讓我們來看看該怎麼做吧！

青醬

① 從油還是冷的時候，就將切碎的大蒜與一半的洋香菜放入油中一起加熱。

② 在大蒜還沒變成金黃色之前，倒入麵粉，一邊攪拌一邊加入熱的魚骨高湯。

③ 再繼續加熱幾分鐘，直到醬料變濃稠——要比平常習慣的青醬更濃稠一些，使用鹽調味，加入剩下的洋香菜。

❹ 待醬料冷卻後倒入冰塊模具中冷凍，即為一塊一塊的冷凍醬料。

蛤蜊

① 清洗蛤蜊，並將蛤蜊放在鹽水中 1 小時。

❷ 將蛤蜊從水中濾出，與冰凍的醬料塊一起放入真空調理袋中。

❸ 使用恆溫水槽以 90℃ 加熱 3 分鐘。

❹ 在打開調理袋前，先用力搖晃，然後即可將充滿醬汁的蛤蜊盛盤。

青醬 ❹

蛤蜊 ❷

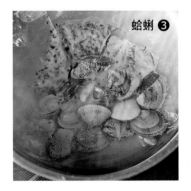
蛤蜊 ❸

蛤蜊 ❹

附註

醬料必須要比平常習慣看到的醬料更濃稠，這樣在把醬料與蛤蜊一起烹調後，才不會因為蛤蜊的原汁而使得醬汁太稀。千萬記得，要真空包裝的醬料一定要先經過冷凍，如果沒有冷凍，在將調理袋抽真空時醬料就會被一起抽出來。

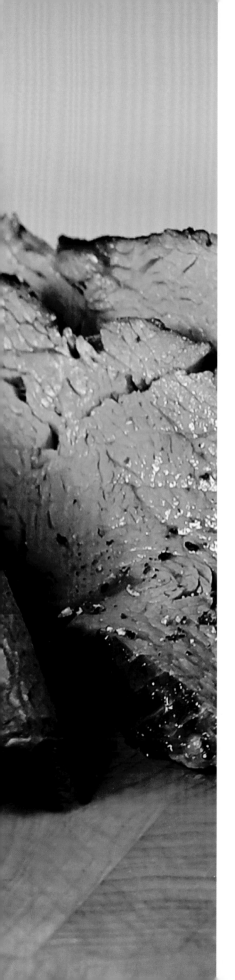

令人瘋狂的肉食主義！

肉類是高生物價值的蛋白質來源中最主要的一種食材，對於細胞與組織的再生，與維持骨骼與肌肉來說都非常重要。

肉類同時也是飲食中可被生物分解的鐵質的主要來源，是預防貧血與維持免疫系統的正常運作的關鍵。肉類也含有維持器官運作所需的主要維生素與礦物質，例如維生素 B_{12} 就是只有肉類才有的一種維生素，B_{12} 在新陳代謝的過程中非常重要，對於蛋白質的合成，維生素與礦物質的吸收也是不可或缺的。因此，一般建議每人每星期應攝取 3～4 份的肉類，而且大多數必須是瘦肉。

要安全地攝取並消化吸收肉類所含的營養成分，烹調絕對不可或缺。

將肉類烹調得更美味

低溫烹調可以使肉質軟嫩，又同時保留住肉的油脂與蛋白質，也可避免烹調溫度超過110°C而產生不好的化學物質。

另一個好處就是我們可以挑選價格比較低廉，但是肉質口感比較硬的部位。雖然不如其他價格較高的部位軟嫩，但是它們其實含有一樣的營養成分，而透過長時間的低溫烹調，硬質的肉也可以變的軟爛而不過熟。

肉類依不同的種類通常需要用50°C～80°C的溫度烹調。肉質比較軟的豬里肌或牛里肌，雞胸肉或羊里肌，用50°C～65°C的溫度即可烹調完成，也就是直接加熱（溫度不超過65°C），但是較硬的肉類則需要較長的烹調時間，烹調溫度則會在65°C～80°C之間，也就是必須使用間接加熱。

在食譜中會依照肉的種類與料理方式建議時間與溫度數值，但是你也可以在附錄中找到同一種食材的不同 T&T 數值參考。雖然這些參考表都是以濕式加熱為基礎，只要稍微調整，通常也可適用其他的低溫烹調方式，例如使用烤箱乾式加熱。

透過本書的食譜，能學到一些烹調的技巧，將肉類烹調得更美味，和充分利用食材的營養，並且可以精準地控制烹調的最佳成果。

你可以使用各種不同的禽鳥類、兔肉、豬肉與牛肉做實驗，做出新的口感與接近經典食譜卻有不同外觀的料理。

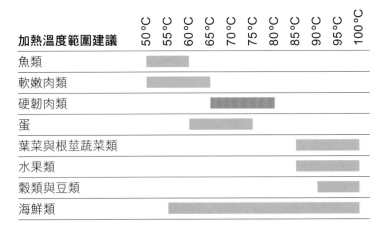

加熱溫度範圍建議	50°C	55°C	60°C	65°C	70°C	75°C	80°C	85°C	90°C	95°C	100°C
魚類											
軟嫩肉類											
硬韌肉類											
蛋											
葉菜與根莖蔬菜類											
水果類											
穀類與豆類											
海鮮類											

蜜桃佐豬頰肉

豬頰肉 ⏱ 65ºC / 24 小時 或 80ºC / 10 小時 | 蜜桃 ⏱ 85ºC / 45 分鐘 | ⏳ 24 小時 或 10 小時 + 1 小時完成時間
⏲ 中等 | 👥 四人份

材料

- 豬頰肉 4 塊
- 鹽水 1 公升（100 公克鹽 / 1 公升水）
- 蜜桃 4 顆
- 豬肉醬汁 200 公克（參考本書 333 頁）
- 青蔥
- 糖 50 公克
- 醋 10 公克

你知道嗎？

豬頰肉含有豐富的膠原蛋白，它是一種在 65ºC 左右就會開始融化的組織，如果使用低溫長時間烹煮，就會成為明膠狀。因此透過低溫烹調，我們就可以使用膠原蛋白形成的明膠軟化肉質，使肉質額外軟嫩，更容易消化，對於全家人，不論是小孩或是老人家來說都非常好。

如果有客人來家裡用餐，這絕對是一道會大受歡迎的料理。提前幾天先準備好，等聚會的日子來臨，只需要 1 小時就可以完成這道料理。你一定可以成功做出這道美味酸甜的豬頰肉。

豬頰肉

① 先將豬頰肉川燙一次。
② 將豬頰肉取出，瀝乾，冷卻後備用。
③ 將豬頰肉放入鹽水中，在冰箱裡浸泡 1 小時。
④ 取出瀝乾後包裝到真空調理袋中。
⑤ 放入恆溫水槽中，使用 65ºC 加熱 24 小時或是 80ºC 加熱 10 小時，冷卻後保存。

蜜桃

① 將所有蜜桃切開，去籽，真空包裝後以恆溫水槽使用 85ºC 加熱 45 分鐘，冷卻。
② 取出其中 3 顆磨成滑順的蜜桃泥。（還有一顆留於盛盤時切片使用）

盛盤

① 保留烹調豬頰肉時產生的肉汁，將豬頰肉去骨後，從表面劃 5 刀。
② 將肉汁加熱，加入豬肉醬汁後再煮 5 分鐘，過濾掉雜質後保存備用。
③ 在平底鍋中將糖翻炒至焦糖化，依序加入醋、醬汁，續煮 5 分鐘後冷卻。
④ 將真空烹調後的蜜桃切成片，然後一片一片地放入在豬頰肉表面劃開的切口中。
⑤ 將夾有蜜桃片的豬頰肉與已經冷卻且濃稠的醬汁一起包裝在真空調理袋中，抽真空。
⑥ 將調理袋放入恆溫水槽，用 65ºC 加熱 20 分鐘。
⑦ 盛盤時，在豬頰肉的旁邊抹上水滴狀的蜜桃泥，淋醬。
⑧ 使用一些蔥絲裝飾即可。

鵪鶉佐獵人醬

鵪鶉 ⏱ 65ºC / 2 小時 │ 紅蔥頭 ⏱ 85ºC / 1 小時 │ ⏳ 3 小時 │ ⦿ 中等 │ ⦿ 四人份

材料

- 大鵪鶉 4 隻
- 綜合橄欖 100 公克
- 紅蔥頭 12 顆
- 醃豬五花 150 公克
- 番茄 1 顆
- 蘑菇 100 公克
- 酸豆 20 顆
- 香菇 150 公克
- 陳年葡萄酒 150 公克
- 濃縮雞骨高湯 200 公克（參考本書 331 頁）
- 百里香
- 迷迭香
- 鹽水 1/2 公升（100 公克鹽 / 1 公升水）
- 混和橄欖油 80 公克

動手試試這道經典食譜吧！不論做幾次，成果都會很完美，這就是精準控制的好處。

鵪鶉

① 將鵪鶉清洗乾淨後放入鹽水中浸泡 30 分鐘。

② 自鹽水中取出，將水瀝掉擦乾後以真空包裝。再將調理袋放入 65ºC 的恆溫水槽中，加熱 2 小時。

③ 如果沒有要立刻食用，請盡快冷卻。

醬料

① 將紅蔥頭真空包裝後放入 85ºC 的恆溫水槽加熱 1 小時。

② 在平底鍋中加入 40 公克的油，把豬五花炒至上色，再加入真空烹調完成的紅蔥頭。

③ 把切片的蘑菇也放入鍋中，續煮 5 分鐘。

④ 加入番茄丁，再續煮 5 分鐘。

⑤ 最後加入綜合橄欖、酸豆與香草。

⑥ 使用陳年葡萄酒洗鍋底收汁，並且使酒精蒸發。

⑦ 加入雞骨高湯，使用小火沸騰 5 分鐘。

盛盤

① 使用恆溫水槽以 65ºC 的水，將裝有鵪鶉的調理袋加熱 15 分鐘。

② 將鵪鶉從調理袋中取出，使用平底不沾鍋快速地用大火煎至上色並淋上熱的醬汁。

③ 持續用 65ºC 加熱 10 分鐘，同時用醬料覆蓋鵪鶉。

美味又健康

鵪鶉是一種有高營養價值，肉質軟嫩又美味的白肉。

雞翅佐海鮮醬

| ⌚ 65℃ / 3 小時 | ⏱ 4 小時 | ⏳ 簡易 | 👥 四人份 | ⚠ 芝麻、黃豆、麩質 |

材料

雞翅

- 雞翅 16 支
- 玉米麵粉 150 公克
- 葵花油 1 公升
- 鹽水 1 公升（100 公克鹽 / 1 公升水）
- 紫蘇

海鮮醬

- 李子乾 90 公克
- 芝麻油 6 公克
- 醬油 20 公克
- 米醋 21 公克
- 咖哩 2 公克
- 紅咖哩 2 公克
- 白味噌 16 公克
- 水 30 公克
- 小荳蔻 0.2 公克
- 花椒 0.2 公克
- 肉桂粉 0.4 公克
- 蜂蜜 10 公克
- 味醂 3 公克
- 印度坦都里香料（Tandoori Masala）2 公克

美味又健康

咖哩是各種香料的混和物，裡面含有薑黃，其中的薑黃素是非常有效的抗氧化劑與消炎劑。

也許有一天你會覺得反覆地烹調很累，但是你絕對不會厭倦品嘗這道料理。使用低溫烹調就能夠得到軟嫩多汁的雞翅，如果再快速地以高溫油炸，還能賦予雞翅酥脆的外皮。

① 將雞翅洗淨，切成三段，把雞翅尖切除。

② 將雞翅放在鹽水中浸泡 30 分鐘。

③ 將水瀝掉擦乾。

④ 將雞翅用調理袋真空包裝，放入 65℃ 的恆溫水槽中加熱 3 小時。

⑤ 海鮮醬：將所有的材料用調理機磨碎。

盛盤

① 在準備盛盤前將裝有雞翅的調理袋放入恆溫水槽，以 65℃ 加熱 20 分鐘。

② 將袋子打開，把雞翅從汁液中過濾出來。

③ 把雞翅裹上玉米麵粉後用溫控電磁爐以 180℃ 炸 1 分鐘。

④ 將雞翅取出，放在吸油紙上。

⑤ 使用紫蘇葉裝飾雞翅，與海鮮醬一起盛盤。

附註

預先用低溫烹調雞翅可以使雞翅幾乎全熟，之後只要短短幾分鐘的快速油炸即可食用。而以掌控的油溫快速油炸雞翅，油品不會燒焦，這樣的炸雞翅也比較健康。中式食材的商店能找到現成的海鮮醬，也可以使用烤肉醬、阿根廷青醬或是辣味莎莎醬替代。

烤春雞（烤箱 / 真空烹調）

烤春雞 62°C / 2 小時 30 分鐘 + 220°C / 5～7 分鐘	真空烹調春雞 65°C / 2 小時 30 分鐘 + 220°C / 5～7 分鐘

配菜 85°C / 1 小時	4 小時	簡易	四人份

材料

- 春雞 2 隻
- 鹽水 1 公升（100 公克鹽 / 1 公升水）

配菜

- 紅辣椒
- 月桂葉
- 迷迭香
- 大蒜
- 胡椒粒
- 橄欖油 80 公克
- 法國哈特馬鈴薯 12 顆
- 櫻桃番茄 12 顆
- 紅蔥頭 12 顆
- 大蒜 4 顆
- 百里香 1 把

美味又健康

不能吃太多鹽的人也可以用香料油、新鮮香草或蒜頭取代鹽，即可享受一道美味的肉類餐點。

下列食譜將示範兩種料理春雞的烹調方式來：「烤」與「真空烹調」（可擇一製作）。兩種烹調步驟中都會用到「雙重烹調法」——使肉質軟嫩，又能夠擁有令人食慾大開的色澤。

配菜

① 將紅蔥頭與大蒜剝皮，並洗淨馬鈴薯。

② 把百里香、馬鈴薯、紅蔥頭、紅辣椒、月桂葉、迷迭香、蒜與冷凍的油一起包裝在真空調理袋中。

③ 將調理袋放入恆溫水槽中，以 85°C 加熱 1 小時。烹調完成後即可冷卻備用。

烹調方式一：烤春雞（烤箱）

① 將春雞浸入鹽水中 1 小時。

❷ 將春雞用滾水燙煮兩次後快速以冰水冷卻，仔細擦乾並抹上油。

❸ 將春雞放在烤肉架上，放入烤箱中。使用 62°C 烤 2 小時 30 分鐘。

④ 加熱完成後將春雞放在容器裡靜置。

⑤ 將烤箱溫度調高至 220°C。

⑥ 將春雞表層抹上油，與配菜一起放入烤盤。

⑦ 將烤盤放入烤箱中烤 5～7 分鐘，直到表皮呈現金黃色即可。

烹調方式二：烤春雞（真空烹調）

① 將春雞浸入鹽水中 1 小時，然後仔細擦乾。

② 將春雞放入真空調理袋中，放入恆溫水槽以 65°C 加熱 2 小時 30 分鐘。

③ 加熱完成後，把調理袋放入冰水槽冷卻後備用。

④ 等到需要使用時，再用恆溫水槽重新以 65°C 加熱 20 分鐘。

❺ 將春雞從調理袋中取出，表層抹油，與配菜放入烤箱中以 220°C 烤 5 至 7 分鐘，直到表皮呈現金黃色即可。

烹調方式二 ❺

法式橙汁卡內東（Canetón）鴨

⊘ 65℃ / 12小時+ 🍳 220℃ / 7分鐘 │ ⧖ 14小時 │ ⏚ 難 │ ⊗ 四人份 │ ! 乳製品（馬鈴薯泥）

材料

- 馬鈴薯泥 400 公克（請參考本書 333 頁）
- 青蔥

卡內東鴨

- 卡內東鴨 2 隻（每人半隻）
- 鹽水 1 公升（100 公克鹽 / 1 公升水）

橙汁

- 柳橙汁 250 公克
- 白醋 20 公克
- 糖 50 公克
- 鴨肉原汁 400 公克（參考本書 333 頁）

你知道嗎？

卡內東鴨是一種半放牧飼養的小鴨，是由公綠頭鴨與母番鴨混種而成。因為還小，肉質比較鮮嫩，脂肪也比成鴨少。也許這道料理不會像傳統方式烹調的鴨肉那樣具有濃郁的風味，但是因為低溫烹調的關係，除了肉質非常軟嫩以外，小鴨的風味也會自然地呈現在料理中。

這又是一道經典料理的全新演繹。取代傳統鴨子，我們使用了卡內東鴨，體型比較小，肉質比較嫩，而且透過低溫烹調，它將會帶來令人驚豔的醇厚口味。這道料理非常適合用來慶祝，你可以事先準備好，只要在聚餐前的幾分鐘再做收尾的動作就可以上菜了。

卡內東鴨

① 將卡內東鴨放入鹽水中浸泡 2 小時。

② 仔細擦乾雛鴨後，使用調理袋真空包裝。

③ 將調理袋放入 65℃ 的恆溫水槽中加熱 12 小時。

④ 烹調時間完成後，將調理袋放入冰水槽冷卻。

橙汁

① 製作焦糖：將糖在平底鍋中烘烤，並加入醋。

② 待平底鍋中的糖水濃縮後，加入已經濾掉渣的柳橙汁。

③ 繼續使湯汁收乾直到剩下原本四分之一的量。

④ 加入鴨肉原汁後加熱 5 分鐘。

⑤ 可依個人喜好加入柳橙皮（只取外皮）的絲，川燙 3 次。

盛盤

① 將裝有鴨肉的調理袋放入 65℃ 的恆溫水槽，重新加熱 30 分鐘。

② 將袋子打開，把鴨子切成四份，放入烤箱中以 220℃ 烤大約 7 分鐘。

③ 將鴨肉與馬鈴薯泥一起盛盤。

④ 淋上醬汁，以青蔥花裝飾。

附註

在真空烹調後使用烤箱烘烤鴨肉有兩種功能，一來是賦予鴨肉酥脆金黃的外皮，二來可使多餘的油脂溶出。如果沒有卡內東鴨，一般的鴨子也可以，只要將烹調時間加長到 16 小時即可。

雞胸肉佐杏桃泥與橄欖醬

雞胸肉 ⊘ 65ºC / 30 分鐘 │ 杏桃 ⊘ 85ºC / 20 分鐘 │ ⊗ 1 小時 │ ⑩ 簡易 │ ⊗ 四人份

材料

雞胸肉
- 帶皮雞胸肉 220 公克 4 片
- 鹽水 1 公升（100 公克鹽 / 1 公升水）
- 花椒
- 葵花油 30 公克

橄欖醬
- 黑橄欖 100 公克
- 陳年葡萄酒 1 杯
- 雞骨高湯 750 公克（請參考本書 331 頁）

杏桃泥
- 熟透的杏桃 200 公克

你知道嗎？

在杏桃籽中可以找到能食用的杏仁。只要將杏桃籽對半切開即可取得杏仁。在食用新鮮取出的杏仁前需要用水先將其滾煮 1 分鐘。

使用誘人的組合來賦予每天的家常料理新的風味。杏桃的甜與橄欖的鹹，不論是在味道或是顏色上都能完美地結合在一起，加上低溫烹調的雞胸肉，就是一道多汁又美味的佳餚。

橄欖醬
① 將陳年葡萄酒與雞骨高湯一起煮至沸騰。
② 待湯汁收乾至原本四分之一的量後，過濾掉浮渣。
③ 在濾好的湯汁中加入去籽的黑橄欖，磨碎後用不鏽鋼篩過濾。

杏桃泥
① 將杏桃去皮去籽。
② 使用真空包裝後放入 85ºC 的恆溫水槽中加熱 20 分鐘。
③ 將加熱完畢的杏桃取出，磨成泥。

雞胸肉
① 將雞胸肉放入鹽水中浸泡 1 小時。取出擦乾後與少許花椒一起真空包裝。
② 放入 65ºC 的恆溫水槽中加熱 3 小時。
③ 將雞胸肉自調理袋中取出，使用少許油將雞胸肉煎上色（帶皮的一面使用小火煎大約 2 分鐘，肉的那面只需 30 秒）。

盛盤
❶ 先放上杏桃泥，交錯放置切成寬長條的雞胸肉，最後再點綴黑橄欖醬。

附註
如果有多餘的杏桃泥，可以用來搭配優格或是其他的肉類或甜點一起食用。

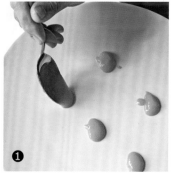

伊比利豬頸肉佐大白菜

豬頸肉 🕐 65°C / 24 小時	大白菜 🕐 85°C / 20 分鐘	⏲ 24 小時 + 30 分鐘完成時間	⑪ 簡易	⑧ 四人份

⚠ 芝麻（芝麻海鹽）

材料

- 豬頸肉（去皮）
- 鹽水 1 公升（100 公克鹽 / 1 公升水）
- 混和橄欖油
- 大白菜
- 芝麻海鹽 20 公克
- 濃縮肉醬 80 公克（請參考本書 333 頁）
- 鹽花 5 公克
- 胡椒

附註

豬頸肉除了做為主菜以外，也可以做為使料理增添飽足感的配菜，例如與蔬菜一起做成特林沙特（Trinxat）煎餅。也可以將豬頸肉配合蔬菜與辣芥末做成一道美味的小點。大白菜的部分可以用任何風味清爽的食材代替，以中和肉的油膩感，例如燙過或炒過的羽衣甘藍或是四季豆。

我們將使用豬頸肉來練習雙重烹調法。首先用低溫烹調的方式使豬頸肉保持軟嫩，之後再用火把多餘的油脂融化，使肉帶有金黃色澤，並使味道更濃郁。簡單又美味。

① 將豬頸肉浸入鹽水中泡 1 小時。擦乾後使用調理袋真空包裝。

② 將調理袋放入 65°C 的恆溫水槽中加熱 24 小時。加熱完畢後放入冰水中冷卻。

③ 將大白菜切開，真空包裝後放入 85°C 的恆溫水槽中加熱 20 分鐘。

④ 將豬頸肉切成厚長條。

⑤ 將豬頸肉放入平底鍋中，以中小火煎至金黃，逼出多餘油脂，表面酥脆。

⑥ 使用中火將大白菜上色。

盛盤

① 將少許熱肉醬放入盤底，放上兩塊豬頸肉。撒上鹽花、胡椒與橄欖油。

② 把大白菜放在豬頸肉旁邊，撒上少許芝麻海鹽。

美味又健康

雖然一般不建議過量食用豬肉油脂多的部分，但是偶爾配合好的蔬菜一起食用，還是可以成為一道營養均衡的料理。

迷迭香麵包佐牛肉與芥末蔬菜塔塔醬

⊘ 65℃ / 36 小時或 80℃ / 16 小時	⊗ 16 小時 / 36 小時 + 30 分鐘完成時間	⊪ 簡易	⊗ 四人份

⚠ 麩質、芥末、魚、蛋製品（美乃滋）

材料

牛肉

- 牛肩肉 1 塊或類似的牛肉（牛後腿肉 / 牛腱肉）
- 鹽水 2 公升（100 公克鹽 / 1 公升水）

蔬菜塔塔醬

- 美乃滋 120 公克
- 辣蘿蔔醬 40 公克
- 混和橄欖油 20 公克
- 芥末 15 公克
- 櫻桃番茄 12 個
- 酸豆 20 公克
- 卡拉瑪塔黑橄欖 10 顆
- 綠橄欖 10 顆
- 醋漬小黃瓜 20 公克
- 鯷魚 4 尾
- 櫻桃蘿蔔 8 顆

盛盤

- 迷迭香麵包或類似的麵包 1 個
- 西洋菜

美味又健康

點心也可以充滿完整與均衡的營養。在這道料理中我們結合了穀類（麵包）、蔬菜與充滿蛋白質的牛肉，還有富含葉綠素的綠色葉菜，也等於加進了可以淨化身體的元素，讓我們的身體組織有氧一下。

真空烹調能做出最美味的點心，也可以用來製作沙拉與餡料。你隨時可以提前準備好這道料理，或是利用其他料理來賦予這道快速食譜全新的生命。

牛肉

① 將牛肉泡入鹽水中，放在冰箱裡 2 小時，濾掉水，擦乾後進行真空包裝。

② 使用 65℃ 的恆溫水槽將裝有牛肉的調理袋加熱 36 小時，或是使用 80℃ 加熱 16 小時。之後即可冷卻備用。

蔬菜塔塔醬

① 將櫻桃番茄對半切開後，使用橄欖油與平底鍋快速地將其煎至上色。

② 將醋漬小黃瓜切片（建議在處理前先浸泡於水中 30 分鐘，以去除多餘鹽分）。

③ 將櫻桃蘿蔔切成薄片。

④ 將橄欖切成不同大小。

⑤ 將鯷魚切成長條狀。

⑥ 混和美乃滋、芥末與辣蘿蔔醬。

盛盤

① 將麵包切成上下兩半，抹上美乃滋。

② 將牛肉切成薄片，放在下半部的麵包上。

③ 再依序漂亮地放上櫻桃番茄、酸豆、橄欖、小黃瓜、鯷魚與櫻桃蘿蔔。

④ 點上少許美乃滋，撒上西洋菜裝飾即可。

附註

除了西洋菜，也可以使用萵
苣、芝麻菜或嫩菠菜來增加
清爽口感。

附註

羊里肌是非常軟嫩的一種肉類（類似沙朗牛排）。不能過度烹調，否則就會變得又硬又乾，因此烹調完成時應該是鮮艷的粉紅色。

甘草羊里肌

🕐 55°C / 20 分鐘 │ ⏳ 2 小時 │ 〰 中等 │ 👥 四人份

材料

- 去骨羊里肌 500 公克
- 鹽水 500 公克（100 公克鹽 / 1 公升水）
- 甘草 4 株
- 茄子 3 根
- 鹽
- 黑胡椒
- 橄欖油
- 羊肉醬汁 125 公克（請參考本書 333 頁）

如果今天你家有訪客，或是你想為家人準備一道特別的料理，試試看這道羊里肌吧！烹調的時間不長，而且大家都會非常享受這道柔軟又多汁，充滿甘草香氣的羊肉饗宴。

茄子泥

① 先將兩根茄子烤熟。

② 將茄子去皮，加入一湯匙的橄欖油磨碎，用鹽調味。

羊里肌

① 將羊里肌平均切成 125 公克重的四等份。

② 將羊肉浸泡入鹽水中，放進冰箱靜置 30 分鐘，過濾擦乾。

③ 使用一根針或小刀將羊肉中心貫穿，以便之後插入甘草，使甘草的味道在烹調時可以徹底滲透羊肉。

❹ 將已經插入甘草的羊肉真空包裝，把調理袋放入 55°C 的恆溫水槽中加熱 20 分鐘。

❺ 打開調理袋，快速地用平底不沾鍋與少許油，用大火把羊肉煎至金黃。

⑥ 將羊肉切成兩半。

茄子

① 將剩下的茄子去皮，切成 2 ～ 5 公分大小的丁，用鹽使其出水。

② 將茄子丁的四面都用鐵板或平底鍋煎至上色。

盛盤

① 在盤中央放上一湯匙的羊肉醬。

② 將兩塊羊肉塊與茄子丁放在羊肉醬上面。

③ 最後加上少許茄子泥與胡椒。

麥卡倫威士忌沙朗

⑤ 55ºC / 20分鐘或65ºC / 15分鐘 | ⌛1小時 | 簡易 | 四人份 | ! 乾果類

材料

沙朗

- 乾淨的牛後腰脊肉 800 公克
- 麥卡倫「奢想湛黑（Macallan Rare Cask Black）」威士忌 3 湯匙
- 鹽水 1 公升（100 公克鹽 / 1 公升水）

配菜

- 韭蔥
- 胡蘿蔔
- 節瓜（zucchini）
- 綠蘆筍
- 紅蔥頭

松子油

- 橄欖油 100 公克
- 松子 50 公克
- 花椒
- 青蔥
- 鹽

盛盤

- 牛肉原汁 100 公克（請參考本書 333 頁）
- 橄欖油 20 公克

記得經典的威士忌沙朗嗎？這個版本將會在香味與牛肉的口感上更為提升。

沙朗

① 將牛肉浸泡在鹽水中 15 分鐘。擦乾。

② 將牛肉與威士忌放入真空罐中，使用手動幫浦抽真空，反覆 3 次使威士忌充分浸漬牛肉。

③ 將牛肉用真空調理袋包裝好，放入 65ºC 的恆溫水槽中加熱 15 分鐘，或是 55ºC 的水槽中加熱 20 分鐘。

配菜

① 將所有的蔬菜切好，可以燙熟或是用真空烹調（時間與溫度請參考 322 頁）。

松子油

① 將切開的松子用小火與橄欖油煎至金黃。

② 待松子呈現金黃色並冷卻後，加入剩下的油、青蔥、鹽與胡椒。

盛盤

① 將牛肉從調理袋中取出，用大火在平底鍋中煎至金黃，時間要盡量短以免牛肉變乾。

② 使用調理袋中的湯汁將平底鍋洗鍋底收汁，之後加入牛肉原汁煮 1 分鐘。離火後用 20 公克的橄欖油乳化醬汁。

③ 使用平底鍋將煮熟的蔬菜炒過。

④ 將牛肉與蔬菜一起盛盤，撒上鹽並淋上松子油。

附註

牛肉的熟度可以依照個人喜好調整。如果喜歡偏生的牛肉，若是用 65ºC 烹調，時間可以縮短為 12 分鐘，相反的，如果想要比較熟的牛肉，時間可以延長至 18 分鐘。

美味又健康

乾果雖小,卻有滿滿的營養:
促進心血管健康的脂肪、蛋
白質、維生素、礦物質、纖
維⋯⋯因為營養豐富,每人每
天建議食用20公克的乾果類。

醬燒蜜汁豬肋排佐綜合堅果

⏱ 65°C / 18 小時或80°C / 9 小時	⏱ 9 小時或18 小時 + 30 分鐘完成時間	⏲ 中等	👤 四人份

⚠ 乾果類（開心果、夏威夷豆）、黃豆、麩質

材料

豬肋排

- 豬肋排 12 根（富含瘦肉與脂肪的豬肋排較佳）
- 蜂蜜 50 公克
- 葵花油 50 公克
- 鹽水 1 公升（100 公克鹽 / 1 公升水）
- 生開心果仁 75 公克
- 烤過的夏威夷豆 75 公克（可用未烤過的腰果代替）
- 醬油 150 公克

配菜

- 節瓜（zucchini）1 個
- 大頭菜 1 顆
- 羽衣甘藍 1 顆

附註

豬肋排浸泡在鹽水中的時間不要超過 30 分鐘，因為之後抹上的醬燒蜜汁也會有鹹味。配菜的部分可以依照個人喜好取捨，但建議使用新鮮的蔬菜才能中和肋排的油膩與醬料的甜味。

又是一道適合事先烹煮完成，等到要食用時再花幾分鐘收尾即可盛盤的料理，這道豬肋排絕對會是餐桌上的焦點。使用低溫烹調，之後再讓外層擁有金黃色澤與酥脆口感，絕對是一道令人無法抗拒的美食。

豬肋排

① 將豬肋排浸入鹽水中，放進冰箱冷藏浸泡 30 分鐘。

② 將肋排取出，擦乾，然後用調理袋真空包裝。

③ 使用 65°C 的恆溫水槽加熱 18 小時，或是用 80°C 加熱 9 小時。

④ 使用冰水冷卻後保存備用。

⑤ 要重新加熱的時候，只要將恆溫水槽溫度設定在 65°C，加熱 30 分鐘，即可取出調理袋，並把豬肋排的湯汁過濾出來備用。

⑥ 使用平底鍋將肋排表面煎至金黃（使用葵花油）。

⑦ 將平底鍋中多餘的油脂倒掉，然後在鍋中加入切成大塊的堅果。

⑧ 稍微翻炒後加入醬油與蜂蜜。

⑨ 使用非常小的火烹煮一段時間，然後將變濃稠的醬汁淋在豬肋排上，確保豬肋排有得到充分的醬汁覆蓋，並且有均勻沾黏到堅果。

配菜

① 將蔬菜洗乾淨，大頭菜去皮。

② 將節瓜（zucchini）與大頭菜使用曼陀林切片器切成薄片。

③ 將羽衣甘藍對半切開。

④ 把所有的蔬菜用滾水快速煮熟或是用真空烹調至熟。

盛盤

① 將豬肋排放入盤中，淋上豬肋排烹調時產生的豬肉原汁。

② 搭配熱騰騰的蔬菜。

開心果青醬兔肉

| 兔肉 ⊘ 65°C / 1小時30分鐘 | 胡蘿蔔 ⊘ 85°C / 21分鐘 | ⊗ 3小時 + 靜置 6小時 | ⑪ 難 | ⑧ 四人份 |

⚠ 蛋、乾果類、乳製品（牛油、馬鈴薯泥、帕馬森起司）

材料

- 兔子 1 隻（含有肝與腎）
- 雞蛋 1 顆
- 開心果仁 80 公克
- 鹽與胡椒

洋蔥蘑菇

- 洋蔥 1 顆
- 蘑菇 200 公克
- 牛油 40 公克
- 陳年葡萄酒 25 公克

開心果青醬

- 帕馬森起司 20 公克
- 羅勒葉 15 片
- 大蒜 1/2 顆
- 開心果仁 20 公克
- 初榨橄欖油 80 公克

配菜

- 馬鈴薯泥 160 公克（請參考本書 333 頁）
- 迷你胡蘿蔔 12 根
- 迷你胡蘿蔔的軟葉子少許

優雅又精緻的一道料理，我們其實可以經常食用兔肉，因為兔子的肉質非常軟嫩，味道很好，而且脂肪含量低。

洋蔥蘑菇

① 將洋蔥與蘑菇切成碎丁。

② 用牛油與小火將洋蔥炒至軟。

③ 當洋蔥軟化後就可加入蘑菇。。

④ 最後加入陳年葡萄酒，繼續加熱至酒精蒸發即可。

開心果青醬

① 將開心果仁放入深度較深的杯子裡以便磨碎。

② 加入剝皮並切碎的蒜頭。

③ 加入羅勒葉與橄欖油。

④ 加入帕馬森起司後一起磨碎，直到醬料呈現均質狀態，用鹽與胡椒調味。

餡料

① 將兔子切開，從中心把肩胛骨與腿切下。

② 將兔腿去骨，把腿肉切至細碎後與開心果、兔肝、兔腎、雞蛋與香菇洋蔥均勻混和。使用鹽與胡椒調味。

兔子

① 透過將肉與脊椎分開的動作把肋骨去掉。

❷ 在去掉肋骨後，把胸腔的肉用鹽與胡椒調味，放在保鮮膜上，填入餡料，利用保鮮膜將兔肉捲起來。用棉繩綁好並真空包裝。

③ 將包裝好的兔肉放入恆溫水槽中以 65°C 加熱 1 小時 30 分鐘。

④ 放入冷水中冷卻，然後維持真空包裝，放進冰箱靜置 6 小時。

⑤ 去掉棉繩後，切成厚片，使用微波爐加熱幾秒或使用烤箱用小火（120°C）加熱。

⑥ 使用 65°C 的恆溫水槽加熱 15 分鐘。

⑦ 解開包裝，用少許油與平底鍋快煎上色。

配菜

① 將胡蘿蔔真空包裝後放入恆溫水槽中，以 85ºC 加熱 21 分鐘。

盛盤

① 用刷子從盤子的一端到另一端刷上一道青醬，在中間放上兔肉捲並使用青醬點綴。

② 將模具放在肉捲的另一邊，沿著模具內部放上一圈胡蘿蔔，中心的部分使用馬鈴薯泥填滿至胡蘿蔔一半的高度即可將模具拿掉。

③ 使用少許的胡蘿蔔葉裝飾。

美味又健康

兔肉在肉類中脂肪含量最低，同時又含有最多維生素 B_3 與 B_{12}。與其食用其他油脂含量較高的肉，將兔肉當成日常料理食用其實是非常好的選擇。

嫩牛舌佐醃漬油醋

⏱ 65℃ / 36 小時或80℃ / 24 小時	⏳ 24 小時或48 小時 + 1 小時完成時間	⏲ 中等	⏱ 八人份

⚠ 魚類（油醋醬中的鯷魚）

材料

牛舌

- 牛舌 1 只
- 鹽水 2 公升（100 公克鹽 / 1 公升水）

油醋醬

- 切碎大蒜 1 顆
- 紅椒 50 公克
- 青椒 50 公克
- 黃椒 50 公克
- 酸甜醃大蔥 50 公克
- 酸豆 20 公克
- 小黃瓜 20 公克
- 醋漬辣椒 4 根
- 鯷魚排 8 片
- 橄欖油 120 公克
- 卡本內蘇維濃葡萄酒醋 20 公克
- 奧勒岡葉
- 洋香菜末
- 鹽與胡椒

我們將以簡單的方式，烹調一些常常被遺忘，但是非常美味的食材。牛舌其實是非常高品質的一種肉類，嚐過的人都會想再嚐，沒吃過的人也一定會喜歡。烹調時間很長，但是成果絕對令人滿意。

① 如果有需要，可先清洗牛舌。

② 以熱水川燙牛舌 3 次。

③ 將牛舌擦乾，冷卻後備用。

④ 將牛舌加入鹽水中。放進冰箱浸泡 3 小時，擦乾後進行真空包裝。

⑤ 用恆溫水槽設定 65℃ 加熱 36 小時或是 80℃ 加熱 24 小時。

⑥ 放入冰水中冷卻備用。

⑦ 將牛舌自調理袋中取出，把牛舌表面的皮剝掉（只要用手撕就可以）然後把油脂過多的地方清乾淨。

⑧ 油醋醬：材料全部切成碎丁，醋漬辣椒切成薄片，加入油、醋、鹽、胡椒與香料混和。

⑨ 將牛舌切成薄片，然後淋上油醋醬。

美味又健康

牛舌含有豐富的鐵與磷。還有高含量的鋅與維生素 B_2 和 B_1，對於紅血球的生成、組織再生和發育來說都是不可缺少的營養成分。

附註

川燙是一種事先烹調的技巧。通常用來處理味道過重的肉類與內臟，例如腸子，動物的腳或頭。

羊腿（兩種 T&T 組合擇一）

羊肉 ⏱ 65ºC / 24 小時或 80ºC / 12 小時	蔬菜 ⏱ 85ºC / 參考本書 322 頁對照表
⏲ 24 小時或 12 小時 + 1 小時完成時間	⦿ 難　⦿ 四人份

材料

羊肉

- 羊腿 4 隻（從膝蓋上方切斷的腿部，每隻約 400 ～ 500 公克）
- 鹽水 2 公升（100 公克鹽 / 1 公升水）
- 洋蔥 1 顆
- 韭蔥 1/2 根
- 胡蘿蔔 2 根
- 成熟番茄 2 顆
- 蒜
- 百里香
- 迷迭香
- 胡椒
- 月桂葉
- 陳年葡萄酒 50 公克
- 橄欖油 100 公克
- 羊肉醬汁 100 公克（請參考本書 333 頁）
- 鹽與胡椒

配菜

- 小馬鈴薯 12 個
- 櫻桃番茄 12 個
- 軟蒜頭 4 顆
- 胡蘿蔔 2 根

這又是另一道經典料理的低溫烹調版。長時間與低溫烹調就是關鍵。在真空烹調時，羊肉可以與蔬菜一起放進調理袋中加熱，或是將羊肉單獨烹調，但是與綜合蔬菜丁一起烹調更增添美味與香氣。

羊肉

① 將羊腿浸泡在鹽水中並放入冰箱，浸泡 1 小時 30 分鐘後，將羊腿取出仔細擦乾。

② 在一個砂鍋中加入油，以中強火將羊腿上色。羊腿著色後即可取出冷卻，放入冰箱備用。

③ 除了番茄以外，在同一個砂鍋中烹調切成不規則大小的蔬菜，蔬菜不要切太大塊。

④ 當蔬菜熟了以後，加入番茄、鹽與胡椒。

⑤ 待番茄也煮熟後，加入陳年葡萄酒與少許鹽。讓醬汁收縮後冷卻。

⑥ 將羊腿與蔬菜一起真空包裝，放入 65ºC 的恆溫水槽中加熱 24 小時或使用 80ºC 加熱 12 小時。烹調完成後，將真空袋放入冰塊水中冷卻。

⑦ 把肉與蔬菜、湯汁分開，等羊腿冷卻後即可重新進行真空包裝並放入冰箱保存。

⑧ 將湯汁與羊肉醬汁放在鍋中加熱幾分鐘，過篩並將醬汁的油脂過濾掉。

配菜

① 將蔬菜削皮後，除了櫻桃番茄以外，將蔬菜以種類分別做真空包裝。使用 85ºC 的恆溫水槽加熱，時間依蔬菜種類而定（每種蔬菜所需的時間請參考本書 322 頁）。

② 蔬菜烹調完成後，放入烤箱以 180ºC 烤 5 分鐘。

盛盤

① 將真空包裝的羊腿重新放入 65ºC 的恆溫水槽中加熱 15 分鐘。

② 加熱完成後，將羊腿放入烤盤，與真空烹調完成的蔬菜和櫻桃番茄一起放進烤箱中，以 180ºC 烤 7 分鐘。

③ 將醬汁加熱。

④ 在盤中加上幾滴醬汁，把羊肉與蔬菜一起放入盤中，使用幾片迷迭香葉子裝飾。

野菇牛肉

🕐 65ºC / 36 小時或 80ºC / 24 小時 | ⏱ 37 小時或 25 小時 | ⅲ 中等 | 🍽 八人份

材料

- 牛肩肉 1 塊
- 鹽水 1 公升（100 公克鹽 / 1 公升水）
- 綜合菇類 1 公斤
- 牛肉原汁 500 公克（請參考本書 333 頁）
- 乾燥牛肝菌粉
- 洋香菜

你知道嗎？

牛肉的切法在每個國家都不盡相同。以牛肩肉為例，在西班牙是傳統的牛肉切割部位，但是在其他國家卻很難找到。同樣的狀況也發生在阿根廷的牛腹脇肉（el vacío argentino）與法國的嫩菲力（el tournedó francés）。

每當秋冬季的時候，這道料理就會浮現在腦海中。雖然烹調的時間很長，但料理方式很溫和，所以成果自然是非常出色的，牛肉將呈現軟嫩香醇的口感。綜合菇醬料也讓這道料理更有特色，而且可以增加濃郁的香味。

① 準備好鹽水，將牛肉浸泡於鹽水中，靜置於冰箱內 2 小時。

② 將牛肉取出，擦乾並做真空包裝。

③ 使用 65ºC 的恆溫水槽加熱 36 小時或使用 80ºC 加熱 24 小時。冷卻後保存。

④ 一旦牛肉冷卻，就可以打開調理袋，將湯汁倒入砂鍋中，加入牛肉原汁與牛肝菌粉。使用小火加熱 5 分鐘後，過濾醬汁備用。

⑤ 將牛肉自調理袋中取出，分切成厚片塊狀，一塊約 150 公克。再將切分好的牛肉一塊塊各別進行真空包裝（每袋需加入 2 湯匙剛過濾出來的醬汁）。

❻ 將菇類洗乾淨後切好，快速炒過並加入剩下的醬汁，煮 10 分鐘。

⑦ 將真空包裝的牛肉塊放入 65ºC 的恆溫水槽中加熱 10 分鐘。

❽ 打開真空包裝袋，將牛肉盛盤。

❾ 最後用菇類與醬汁覆蓋牛肉，再使用洋香菜裝飾即可。

牛頰肉綜合菇派

⏲ 65°C / 48 小時或 80°C / 24 小時 │ ⏱ 51 小時或 25 小時 │ ⋔ 難 │ ⊗ 四人份 │ ① 麩質（香腸）

材料

牛頰肉
- 牛頰肉 500 公克
- 鹽水（100 公克鹽 / 1 公升水）

洋蔥蘑菇
- 大蔥 2 根
- 蘑菇或其他菇類，例如牛肝菌或雞油菌菇 200 公克
- 加泰隆尼亞黑香腸或香腸 100 公克
- 煮熟的豬腳 1 只
- 牛油 70 公克
- 葵花油 30 公克

醬料
- 牛肉醬汁 150 公克（請參考本書 333 頁）
- 牛肝菌粉 10 公克
- 綜合菇類 100 公克
- 混和橄欖油 40 公克
- 鹽與胡椒

這是一道既費時又耗工，需要很多耐心的料理，但是成果絕對會讓你覺得值回票價。除了牛頰肉美妙的口感，由洋蔥、菇類、豬腳與香腸做成的洋蔥蘑菇也更提升了味道、整體的濕潤度與膠質，結合成一道令人難以忘懷的美味料理。

牛頰肉
① 將牛頰肉與冷水放入鍋中，將水溫加熱至 90°C ——也就是川燙，然後濾掉水。
② 將牛頰肉放入很冰的鹽水中，放在冰箱裡浸泡 2 小時。瀝水後擦乾。
③ 將牛頰肉真空包裝後放入 65°C 的恆溫水槽中加熱 48 小時。
④ 加熱時間完成後，將調理袋放入冰塊水中冷卻後，放入冰箱保存。

洋蔥蘑菇
① 將大蔥切成小丁，與牛油和葵花油一起用小火以平底鍋炒 10 分鐘。
② 加入切丁的菇類續煮 10 分鐘。
③ 加入去骨切丁的豬腳，再煮 1 分鐘使材料均勻混和。關火後將所有食材過篩，以去除多餘的油脂和湯汁。
④ 加入黑香腸，攪拌後保存。

醬料
① 使用濕毛巾清潔菇類。
② 將菇類切片後與橄欖油一起放入平底鍋中拌炒，使用鹽與胡椒調味。
③ 加入牛肉醬汁與牛肝菌菇粉，續煮 2 分鐘，調整鹹度。

派
① 將牛頰肉切成薄片。
② 在模具或深盤中放上一層牛肉，之後放上一層洋蔥蘑菇。重複這個步驟兩次，最上面一層必須是牛肉。

③ 將模具用真空調理袋包裝，放入 65°C 的恆溫水槽中加熱 30 分鐘。

④ 將調理袋取出，放入冰塊水中冷卻，冷藏保存。

盛盤

① 待靜置冷卻後，把牛頰肉派取出脫模，切成長方形。

② 將成型的牛頰肉放入烤箱中，以 120°C 烤 10 分鐘，或使用微波爐加熱 1 分鐘。

③ 加熱醬料，使醬料收汁至濃稠狀。

④ 將牛頰肉盛入盤中，使用醬料及洋蔥蘑菇覆蓋，可依照個人喜好勾畫一道馬鈴薯泥在盤子上。

附註

因為這道料理的準備比較費工，建議可以一次準備較多的量，剩下的就能冷凍起來，之後再食用。如此就能享受一道精緻的美食卻不用花太多的時間準備。

水果饗宴

水果含有豐富的維生素、礦物質、纖維與水分，並且充滿豐富的抗氧化元素，對健康非常有益處。

因此為了維持均衡又健康的飲食，我們一天應該要吃 2 ～ 3 份水果，才能有效預防心血管疾病以及消化不良，還能幫助解決體重過重與暴食的問題。

攝取新鮮的水果是眾所皆知最好的食用水果的方式。而將水果拿來烹調或是入菜，則是增加水果攝取量好方法，也適用於低鹽飲食。另外，如果將水果使用低溫烹調，有咀嚼或吞嚥困難的人將能輕鬆地享用水果，因為低溫烹調能使水果的口感變得相當軟，卻仍保有水果大部分的自然風味與營養。

使用真空烹調，還能避免水果中的維生素因為高溫而遭到破壞，或是在處理過程中氧化而消失，也能在烹調過程中保留水果本身的糖分，不需另外添加糖。

低溫烹調的水果

在 T&T 的數值設定方面，有些水果跟蔬菜的數值非常相似，因為要軟化纖維時，加熱溫度至少需要達到 85℃。非常細緻的水果，例如櫻桃、無花果或莓果類，則甚至不需要烹調，只要稍微加溫就足以加強其風味。

自然烹調的水果

低溫烹調水果可以使用容器、浸入液體中（酒類、糖漿、醬料或果汁）或使用烤箱。事實上，有許多不同的烹調方式可以料理各種不同的水果菜餚，例如經典的烤蘋果派、火焰香蕉、烤鳳梨、紅酒香梨、糖漬蜜桃……還有更多其他的料理。

其中一個實用又可持續使用的烹煮方式，就是使用玻璃罐烹煮水果。一方面這個容器可以不斷重複利用，另一方面玻璃罐烹煮的成果接近罐頭水果或是半保久水果，這為我們的料理延伸出了無限的可能，同時也可以讓家中的小朋友加入烹調，透過參與料理中簡單的準備過程，引發孩子們對水果的興趣。

接下來將會有一些可以當作甜點、開胃菜或是將水果入菜的料理食譜，但如同前面的每個食材一樣，我們非常鼓勵你去嘗試與發現新的可能。這本書只是幫助你學習一些烹飪技巧，而你當然可以有自己的創意。接下來請享受美食界中最甜蜜的一段旅程。

加熱溫度範圍建議	50℃	55℃	60℃	65℃	70℃	75℃	80℃	85℃	90℃	95℃	100℃
魚類		■	■								
軟嫩肉類		■	■	■							
硬韌肉類					■	■	■				
蛋				■	■						
葉菜與根莖蔬菜類									■	■	■
水果類									■	■	■
穀類與豆類										■	■
海鮮類			■	■	■	■	■	■	■		

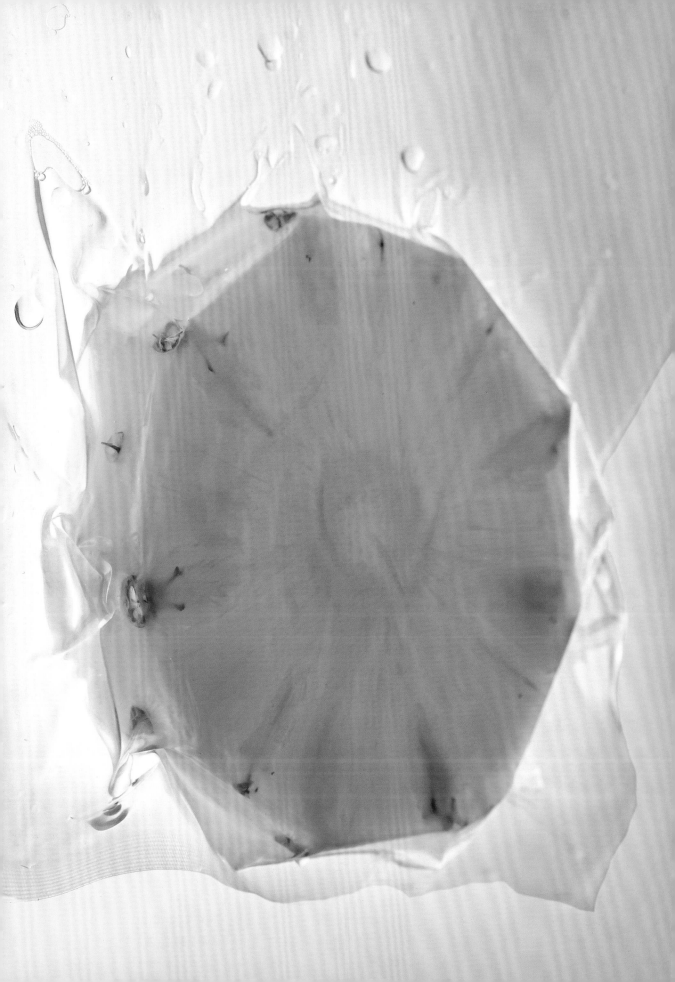

櫻桃三吃

| ⏱ 85ºC / 7分鐘 | 🍴 30分鐘 | 📶 簡易 | 👥 四人份 | ⚠ 乳製品（牛油、冰淇淋）、乾果類（杏仁香甜酒） |

材料

- 櫻桃冰淇淋 250 公克

真空浸漬櫻桃

- 櫻桃 120 公克
- 杏仁香甜酒 40 公克（或櫻桃蒸餾酒，如基爾希〔Kirsch〕冰鑽櫻桃酒）

煮櫻桃

- 櫻桃 320 公克
- 牛油 20 公克（可省略）

美味又健康

櫻桃含有豐富的花青素、槲皮素、羥基肉桂酸、維生素 C、類胡蘿蔔素與退黑激素，都是生物活性非常高的元素，可以幫助預防心血管疾病、消炎、糖尿病與阿茲海默症。

這是一道夏日甜點，顏色鮮豔，爽口又熱情。你知道要怎麼樣一次吃到三種不同口感的櫻桃嗎？只需要很短的時間喔！快做筆記吧！

真空浸漬櫻桃

① 將櫻桃切開去籽。

② 把去籽的櫻桃果肉和杏仁香甜酒一起放入附有真空閥的罐中。

③ 做三次真空浸漬的步驟，然後將櫻桃取出。

煮櫻桃

① 將櫻桃切開去籽。

② 將去籽的櫻桃果肉與切成小塊的牛油（如果不想要牛油可省略）一起用真空調理袋包裝。將調理袋放入恆溫水槽中以 85ºC 加熱 7 分鐘。

③ 如果想要保留到別的日子食用，就先冷卻，等要食用時再重新加熱，若是要馬上食用，就趁熱盛盤。

盛盤

① 在盤子一側放入浸漬櫻桃，另一側放上熱的煮櫻桃與少許烹調時產生的櫻桃原汁。

② 最後加入一球櫻桃冰淇淋。

附註

這道甜點是夏季專屬的，因為櫻桃的產季是每年的四到八月，而且我們需要使用的是成熟的櫻桃。冰淇淋的部分也可以改成香草、奶油、莓果或是任何與櫻桃能夠搭配的口味。

莓果檸檬奶霜

隔水加熱 90℃ / 10分鐘 | ⏲1小時 | ⑪簡易 | ⑧四人份 | ①蛋、乳製品（牛油）

材料

奶霜

- 蛋白 3 顆
- 蛋黃 3 顆
- 糖 125 公克
- 檸檬汁 160 公克
- 檸檬 3 顆（檸檬皮絲）
- 牛油 80 公克

盛盤

- 焦薑糖 10 公克
- 綜合莓果 100 公克
- 薄荷葉

雖然簡單，卻充滿新鮮的香氣、隱約的刺激——焦薑糖——與森林果實帶來的甜蜜滋味，每一口都是驚喜。這是一道讓家中的幼童也能攝取到滿滿維生素而且愛不釋口的甜點。

① 除了牛油以外，將所有的食材以 90℃ 的恆溫水槽隔水加熱 10 分鐘，直到呈現濃稠的乳霜狀。

② 快速將乳霜冷卻至 40℃，慢慢加入已切成丁、溫度為室溫的牛油。

③ 當乳霜混和物完全冷卻後，使用電動攪拌器攪拌，至到成為質地濃稠滑順的檸檬奶霜。

④ 最後，在檸檬奶霜上放入綜合莓果、切得非常細小的焦薑糖與幾片薄荷葉。

附註

奶霜可以用不同的水果製作，例如其他的柑橘類、百香果、芒果或蜜桃泥，添加在奶霜上的食材也有無限的選擇：蛋糕、柑橘類水果的香草例如檸檬草或八角、茴香等。

馬其頓水果沙拉驚喜

真空浸漬 ｜ ⊗ 30 分鐘 ｜ ⑪ 簡易 ｜ ⑧ 四人份 ｜ ① 乾果類（杏仁香甜酒）

材料

糖漿

- 水 500 公克
- 糖 250 公克

真空浸漬組合

- 哈蜜瓜 100 公克 / 摩奇多（Mojito）
- 西洋梨 1 顆 / 帶蟲龍舌蘭（Mezcal）
- 櫻桃 50 公克 / 杏仁香甜酒
- 西瓜 100 公克 / 伏特加
- 鳳梨 100 公克 / 巴西甘蔗酒（Cachaza）

週末夜晚專屬的浸漬馬其頓水果沙拉你覺得怎麼樣？這是一道成人的甜點，不論是味道、顏色和口感都充滿了派對氛圍。真空浸漬是一個簡單的技巧，完全不需經過加熱烹調，你只需要一個附有真空閥的罐子，和一個手動的真空幫浦，即可改變食材的味道和顏色，使它變成一個令人意想不到的驚喜。

糖漿

① 將水與糖煮沸 5 分鐘，然後關火冷卻。

② 將糖漿與每一種酒類分開混和。每 20 公克的酒要加入 100 公克的糖漿。

③ 將水果切成丁，櫻桃則對半切開。

④ 將各個水果與其相對應，並混和好糖漿的酒品分開做真空浸漬。抽真空的步驟要重複三次，使浸漬確實完成。然後即可將水果取出備用。

盛盤

① 將不同的水果混和放在盤子裡，就像是在做一般馬其頓水果沙拉的擺盤一樣。

你知道嗎？

「馬其頓」這個字是來自法文的「macedoine」，這個字在十九世紀末出現，典故則要追溯到亞歷山大大帝的年代。當時有許多不同種族的人口，而當時的地圖上使用了不同的顏色代表各個種族。

梅爾芭（Melba）蜜桃

⊘ 蜜桃85°C / 1小時 | ⊘ 莓果65°C / 10分鐘 | ⊗ 2小時 | ⑪ 簡易 | ⊗ 四人份 | ⚠ 乳製品（冰淇淋）

材料

- 蜜桃 4 顆
- 糖 200 公克
- 水 400 公克
- 香料：混和八角、香草與小荳蔻 10 公克
- 莓果 200 公克（覆盆子、蔓越莓、醋栗、野草莓）
- 香草冰淇淋

你知道嗎？

這道甜點的原型是「廚皇」愛斯克菲爾（Auguste Escoffier）為了女高音內莉‧梅爾芭（Nellie Melba）創造的「梅爾芭蜜桃」。其中包含了半顆香草糖漿煮的蜜桃、香草冰淇淋與覆盆子庫利醬。

鮮豔的顏色與芬芳的香味，透過這道甜點我們將學習如何保存水果，以便在一年四季都能享用新鮮的水果風味。

① 使用小火將糖與水一起煮沸，經過五分鐘後熄火冷卻。

② 將洗淨的莓果放入玻璃瓶中，再倒入糖漿把瓶子填滿。如果使用的容器是調理袋，記得要先將糖漿冷凍（50 公克）。

③ 將裝有莓果的玻璃瓶放入 65°C 的恆溫水槽中加熱 10 分鐘，使莓果稍微軟化並產生部分原汁。將玻璃瓶冷卻後備用。

④ 將蜜桃剝皮（如果不容易將皮剝下，可以將蜜桃用熱水煮 1 秒鐘，冷卻後即可輕鬆將皮剝除）。將蜜桃對半切開去籽，把果肉放入可以蓋緊的玻璃瓶中，使用糖漿將玻璃瓶填滿，並加入香料。

⑤ 將裝有蜜桃的玻璃罐放入 85°C 的恆溫水槽中加熱 1 小時。加熱完成待玻璃瓶稍微降溫後，迅速將玻璃瓶放入冰塊水槽中冷卻。

⑥ 盛盤時，把水蜜桃塊放入盤中，使用湯匙交叉放進莓果與莓果原汁，最後放上香草冰淇淋。

附註

保存水果是一個即使非當季，仍能享受各種水果的好方法。除了水蜜桃，杏桃、櫻桃、蟠桃、李子、枇杷也可以當做主角，再另外搭配口感適合的香料、香草或其他能幫料理加分的食材。

香梨盅

| ⊛ 85°C / 30分鐘 | ⏳ 1小時30分鐘 | ⅲ 簡易 | ⊗ 四人份 | ⓘ 乾果類、麩質（燕麥穀片）、乳製品（優格） |

材料

- 香梨 4 顆
- 新鮮甜菊葉 20 公克
- 水 200 公克
- 甘草 1 支
- 小荳蔻 10 公克
- 燕麥穀片 40 公克（含乾果、穀片與蜂蜜）
- 羊乳優格 1 份

附註

完成後也可以在香梨盅上滴幾滴蜂蜜。

簡單、自然、優雅……這道清爽又令人食指大動的甜點，就是一個將食材美妙地運用在料理中，並盡可能不失去其自然風味的最佳範例。

浸泡甜菊葉

① 將水加熱至 85°C 後，熄火，放入甜菊葉，蓋上蓋子浸泡 30 分鐘。之後即可將甜菊葉過濾掉。

香梨盅

① 將 3 顆香梨去皮去籽。

② 把每顆香梨切成 6 塊，與甘草一起放入玻璃瓶中，使用甜菊葉水填滿玻璃瓶。

③ 將玻璃瓶放入 85°C 的恆溫水槽中加熱 30 分鐘。

④ 加熱完成後，將玻璃瓶取出，靜置 5 分鐘使其自然降溫冷卻，之後即可將玻璃瓶放入裝有冰塊的水槽中冷卻。

⑤ 徹底冷卻後，取出甘草、香梨，並將 1/3 的香梨磨碎，可以視情況加入少許甜菊葉水以達到濃稠的泥狀。

⑥ 將剩下 2/3 的香梨切成小塊，與香梨泥均勻混和備用。

⑦ 將尚未處理的那顆完整香梨去皮去籽，並將果肉切成薄片。

⑧ 將香梨薄片快速地在甜菊葉水中煮 5 秒鐘。過濾備用。

⑨ 使用薩瓦林蛋糕模具或是皇冠模具，將煮好的香梨薄片稍微重疊擺放，直到香梨片在模具中圍成一圈，並露出部分在模具外，在排列好的香梨片上填入作法 6 混和好的香梨餡料。再將薄片超出模具高度的部分向下（向內）摺，使其蓋住餡料。徹底冷卻使模具裡的香梨與餡料形狀固定。

盛盤

① 將 5 公克的小荳蔻與羊乳優格均勻混和。

② 將香梨盅倒放脫模至盤中，用優格與燕麥穀片裝飾即可。

火焰香蕉

⊘ 65℃ / 20 分鐘 | ⧗ 45 分鐘 | ⏸ 中等 | ⊗ 四人份 | ⚠ 麩質、乳製品、蛋

材料
- 熟成香蕉 4 根
- 香草冰淇淋

焦糖
- 糖 150 公克
- 黑蘭姆酒 200 公克
- 檸檬皮 1/2 顆
- 柳橙皮 1/2 顆

糖漬手指蛋糕
- 水 80 公克
- 糖 50 公克
- 黑蘭姆酒 20 公克
- 手指蛋糕 160 公克
- 香草 1 株

附註

如果想做不含酒精的版本，只要將焦糖與糖蜜中的蘭姆酒省略。將手指蛋糕浸泡到柳橙汁中也是不錯的選項。

這是一道充滿溫度與口感，歷史悠久的甜點。讓我們融入現代的手法將這道甜點變得更令人無法抗拒吧！

焦糖
① 使用平底鍋與小火將糖加熱至焦糖化。
② 加入蘭姆酒，繼續加熱直至酒精蒸發。
③ 關火後加入檸檬皮與柳橙皮。
④ 冷卻並將果皮過濾掉。

香蕉
① 將香蕉剝皮後分開真空包裝，每個調理袋中加入 50 克的焦糖。
② 在 65℃ 的恆溫水槽中加熱 20 分鐘。

手指蛋糕
① 將糖、水與香草混和煮成糖漿。當糖漿煮沸時加入蘭姆酒，然後熄火。靜置降溫。
② 將香草籽從香草莢刮下加入糖漿中。
③ 將手指蛋糕切開浸泡到糖漿裡。

盛盤
① 將一塊手指蛋糕放在盤子中央。
② 把香蕉切成兩塊，一塊平放在手指蛋糕的長邊，另一塊立放在手指蛋糕的短邊。
③ 淋上溫的焦糖。
④ 在手指蛋糕上放上一球冰淇淋。
⑤ 使用半株香草與捏碎的手指蛋糕屑裝飾。

美味又健康

香蕉含有豐富的鉀離子，對於肌肉復原很有幫助，同時也有豐富的熱量，對於運動員來說是非常好的食物。

6

附錄

圖示與詞彙表

圖示

本書中的食譜在開頭都會有一系列的圖示讓你知道以下資訊：

低溫烹調模式

不同的圖示各自代表著，於本書食譜中的低溫烹調過程裡，所採取的加熱方式：使用調理袋做真空處理；使用容器（可能是調理袋或是一般容器，不一定要做真空處理）；將食物放入液體中（水／高湯、醬料、油、滷汁、糖漿等）的溼式加熱；蒸煮；使用烤箱的乾式加熱。

使用調理袋真空處理（舒肥法）

使用調理袋或容器

溼式加熱

蒸煮

乾式加熱／烤箱

溫度

低溫烹調的基礎就是對料理的溫度控制，盡可能使食材的中心溫度到達我們想要的溫度。要達到這個目的，有兩種方式：直接將烹調過程的溫度，控制在理想的食材中心溫度，或是固定烹調媒介的溫度（烹調溫度或表面溫度）。

食材中心溫度

烹調溫度／食材表面溫度

時間

低溫烹調的時間通常比傳統烹調長許多，而一個食譜的加熱過程可能不只一次，因此本書所標示的烹調時間，會將單項食材的烹調時間與整道料理的完成時間分開標示。

烹調時間

完成料理所需時間

其他

食譜中也標示了難易度（簡易、中等、難）。還有標示適用的人數份量，這樣你就可以斟酌加減材料。並在最後註明該食譜中可能會引起過敏的成分。

難易度

幾人份

過敏原

過敏原標示

在本書的食譜中你將會看到常見的過敏原警示，標示說明如下：

- **麩質**：食譜中有某項元素含有麩質（麵包、義大利麵、麵團、醬油〔雖然有些醬油不含麩質但是在食譜中一律標示〕）。

- **甲殼類海鮮**：如果是主要食材或是次要食材都會標示。

- **軟體類及頭足類海鮮**：如果是主要食材或是次要食材都會標示。

- **魚類**：如果是主要食材或是次要食材，或是有使用以魚尾為原料的明膠都會標示。

- **乳製品**：表示食譜含有鮮乳或是其他乳製品（優格、牛油、起司等）。即使只是配料的添加物，例如馬鈴薯泥，也會標示。

- **乾果類**：如果是食譜的其中一項材料、醬料的一部分或是有切碎的乾果都會標示。

- **黃豆**。

- **芝麻**。

- **花生**。

- **芥末**。

- **蛋**。

但是請注意以下幾種材料不會有過敏原標示：

- 芹菜及其副產品。

- 羽扇豆（魯冰花）。

- 二氧化硫和亞硫酸鹽濃度高於 10 毫克／公斤或 10 毫克／公升。

詞彙表

Abrillantar 淋醬上色
使用明膠、果醬、油脂或糖漿使食物呈現亮澤。

Acanalar 果雕
在水果或蔬菜的皮上切出長條刀痕（尤其是柑橘類或是南瓜、黃瓜）裝飾用。

Acidez 酸度
表示食物的酸度，科學上用 pH 值表示。

Aditivo alimentario 食品添加劑
沒有營養價值的添加物，用於食物中使其易於保存，改善或使烹調成果較優良或是改變它的感官特性。

Adobar 醃漬入味
將食物放入通常是油類的液體中，以方便保存，讓食物吸取香味。若使用於肉類時，則有使肉質軟化的功能。

Agar-agar 洋菜
從紅藻類取出的添加物。屬於纖維型碳水化合物，可做凝膠使用。在烹調中經常被做為熱明膠。

Alginato 海藻酸鈉
從纖維型碳水化合物產出的有機鹽，從褐藻中提煉出來，可做凝膠，增加黏稠度及穩定度。

Almidón 澱粉
易消化的聚合碳水化合物，是所有蔬菜的主要熱量來源。屬於聚醣類，由葡萄醣鏈組成。因為加熱會變黏稠的特性，屬於水膠體。在烹調時常被應用在加泰隆尼亞焦糖奶凍中。

Amargo 苦味
味蕾可以品嚐出來的基本味道之一。食品工業中常用「奎寧」做為苦味劑。

Amasar 和麵
混和麵團與其他的材料的動作。可以用手或揉麵機完成。

Antiespumante 消泡劑
阻止或減少食物在烹調過程中產生泡沫的添加物。

Antioxidante 抗氧化劑
可避免食物氧化。酸的食物例如檸檬、醋和洋香菜會被用來當作天然的抗氧化劑。

Aroma 香氣
各種物體揮發出的味道對嗅覺做造成的刺激。在料理中與風味常被聯想在一起。

Arropar 醒麵
將麵團用濕布蓋住避免水分蒸發，促使麵糰發酵的作法。

Ascórbico (ácido) 抗壞血酸
一種有機酸，用來當作抗氧化劑，同時保護食物的維生素。

Astringente 澀味
品嚐食物時，食物在舌頭表面帶來的苦與乾燥的感受。

Asustar 冰鎮降溫
將熬煮、燉煮或是用滾水煮過的食材放入冷水或是冷高湯中，立刻中止食物的加熱過程以鎖住食物風味的方式。

Bañar 裹醬
用醬料或液體包覆食材，使其入味或是發出光澤。

Baño maría 隔水加熱
將食物放入容器中，再將容器放入熱水中，以「間接」的方式加熱。常被用來加熱布丁、肉醬或是奶醬。也會用在調溫、攪打乳霜或明膠的過程。

Baño maría inverso 冰水浴
冷卻食材的方法。用容器盛裝熱的食物——通常是液體——再將裝了熱食的容器放置到另一個裝了冷水或冰水的容器中，間接快速地降低溫度。

Biodegradable 可生物分解的
經過時間能被微生物分解的產品。所有的食物都是可生物分解的，除了鹽巴、水及一些添加物。

Blanquear 川燙
用熱水燙過食材以消除雜質，去除不好的味道與氣味。

Boquilla 擠花嘴
錐狀體，通常是黃銅或是塑膠材質，可安裝在製作蛋糕的擠花袋上，用來裝飾蛋糕或是充填餡料。

Bouquet garni 香草束

將香草綑綁成的花束狀，通常添加在高湯或是燉湯中。

Bresear 燜；文火燉

將食材與湯汁（蔬菜、紅酒、高湯、香料）以小火熬煮的料理方式。

Bridar 綑綁

將食材用繩子纏繞以便在烹調時保持其形狀。

Brocheta 竹籤

烤小肉塊或是魚、蔬菜時使用的針或籤。

Brunoise 切小丁

將蔬菜切成小塊。

Caramelizar 焦糖化

加入糖或焦糖漿到模具使其結晶或呈金黃色。

Caramelo 焦糖

加熱至像是烤過的顏色且仍保有甜味的糖。

Castigar 轉化糖漿；肉品斷筋

將檸檬汁加入糖漿中使其焦糖化；亦指搥打肉類，讓其內部的暗筋斷裂，以得到軟嫩的口感。

Cincelar 切絲

將蔬菜切成細絲。或是在魚身畫上數刀使其易熟。

Cítrico (ácido) (E-330) 檸檬酸

存在於多數水果中的有機酸，尤其是柑橘類（檸檬、柳橙），可用來調節酸度，也可用於保鮮。

Clarificar 蛋白澄清法

用蛋白混和物去除液體中雜質，使其恢復清澈的方法。在法式清湯，明膠與奶油中被經常使用。淨化後的湯汁會呈透明清澈。

Clavetear 插丁香

把丁香插入檸檬片或是洋蔥片後，加進滷汁、高湯或燉湯，使其增加香氣的方法。

Coagular 凝膠化

將液體透過凝結劑將大分子聚集結合在一起，液體就會變成果凍般的固體，即可輕易地將已凝膠化的部分與剩餘液體分開。

Cocer a la inglesa 燙煮蔬菜後快速冷卻

用滾水燙過蔬菜後馬上冷卻，可阻止蔬菜繼續加熱，保留蔬菜的翠綠顏色與養分。

Cocer o caer en blanco 盲烤

只用少許油烹調食物，不使食材的表面變色或上色；或是指烤模中只有塔皮，沒有填入餡料，只單烤塔皮。

Colágeno 膠原蛋白

有乳化、充氣與凝膠特性的蛋白質。

Concassé 番茄丁

切碎食材的手法，尤其指番茄。

Concentrar 濃縮

將液體、湯汁或果汁收乾。

Conservación 保存

將食材可食用壽命延長，或維持適當條件讓食材保持新鮮的方法。有物理的方式（消毒、冷凍）或化學的方式（添加保鮮劑）。

Cordón 絲帶

在擺盤時畫的裝飾圓形。

Cornete 圓錐細捲

圓錐狀的紙捲，裝飾擺盤時使用。

Coulis 庫利醬

一種配合甜點使用的醬汁。

Cuajar 增稠

使用加熱或凝結劑的方式使液體變濃稠。

Decantar 醒（酒、液）

將液體過濾後，將其靜置一段時間使雜質沉澱，再把靜置後的液體放入另一容器的處理方式。

Desangrar 去血水

將食材放入冷水中數小時以排除部分或全部的血水。從沙丁魚到牛或豬肉都可以去血水。

Desglasar 洗鍋底收汁

把液體澆入烤盤或平底鍋中，把鍋裡的碎肉渣或油脂湯汁的精華煮出來以取其風味。

Desbarbar 修邊整形、除鬚

將炸蛋或麵皮碎屑的地方去除，或是將魚或海鮮的鬚切（剪）乾淨。

Desbrozar 削皮

將蔬菜不可食用的地方去除掉。

Desollar 去皮

將動物的皮去掉。

Despojos 內臟；雜

內臟、頭、腳、脖子、冠以及禽鳥或牛身上除了肉以外，可食用的部分。

Dorar 烤至金黃
用火烤的方式將食材表皮加熱至呈金黃色澤。

Duxelle 洋蔥蘑菇醬
法文。意指切碎的蘑菇、火腿、松露、蕈菇類與紅蔥的混和醬。以切碎的蔬菜丁做成的餡料也可以稱為洋蔥蘑菇醬。

Endulcorante 甜味劑
所有由化學成分產生的甜味都叫做甜味劑。可分為糖和甜味添加劑。通常甜味劑這個詞彙是專指添加劑。

Emborrachar 刷糖液
用調味過的糖水刷蛋糕表層使其濕潤，幫助賦予味道和定型。

Empanar 裹粉酥炸
將食材沾取麵粉、蛋或麵包粉然後酥炸。

Emplatar 盛盤
將食物放在盤上，準備出餐的動作。

Emulsión 乳化
將兩種不可混合的液體攪拌至融和所產生的作用。例如牛奶即是水與油脂的乳化，美乃滋則是油脂融入水中。

Emulsionante 乳化劑
用來幫助乳化、保持乳化狀態或輔助兩種不可混合的液體，例如水與油融在一起的產品。卵磷脂和某些油類也可以當作乳化劑。

Emulsionar 使乳化
攪拌至變濃稠或黏稠。

Encamisar 於塔模內緣鋪邊
將模具內部的周邊鋪上食材，例如培根、胡蘿蔔等。

Encintar 奶油凝結
用冰塊使奶油、明膠及乳霜達到適當的狀態。

Encolar 加凝膠
加入液體明膠（如洋菜、吉利丁）到食材中，使其在冷卻後定型並有光澤。

Enranciamiento 腐化
脂肪被酵素分解的作用。因為脂肪酸氧化會發出臭味，表示食物已經過期。

Enriquecer 提味
在料理中加入高湯或是精華使料理味道更豐富。

Envejecer 熟成
將肉（尤其是野味）放置一段時間使其味道更濃郁，也可說是靜置、成熟。

Enzima 酵素、酶
一種蛋白質，對生物來說有催化劑的功能，能夠在肉眼無法辨識的狀態下分解或合成其他的物質。

Escabechar 醃；滷
將食材放入液體中達到保存或入味的作用。

Escaldar 滾煮
將食材放入滾水中，非常快速的烹煮（時間只需 1 ～ 20 秒）。

Escalfar 小火慢煮
將食材放入很熱的水或其他液體中烹煮。也可稱為水波煮。

Escarchar 上糖衣
將食材用糖漿裹過，冷卻後食材表面就會覆蓋一層糖。

Escudillar 盛裝；擠花
將高湯過濾倒入碗中或麵包上，成為湯品。亦表示「擠花」，也就是將已凝結或半凝結的麵糊放入擠花袋後使用。擠花可以使用於充填餡料，亦可應用在烤盤上、裝飾蛋糕、延展麵團等。

Espolverear 灑粉
用糖粉、可可粉或其他粉類覆蓋食物表面的方式。

Espumar 撈浮沫
用篩子將湯汁中浮起的雜質撈去。

Esterilización 高溫殺菌
使用高溫殺死微生物的方式，以延長食物的保存時間。

Estofar 燉煮
以少許液體並加蓋，長時間烹煮食物的方式。

Estufar 發麵
將麵團與酵母混和後放在適當溫度中使其發酵。

Faisandé 腥臭
某些野味熟成後，發出類似雉雞般不好聞的味道。

Farsa 內餡
不同食材切碎或切丁後混和做成的餡料。

Fécula 根莖類澱粉
由塊根或塊莖類植物做成的麵粉（馬鈴薯、樹薯等）。

Fermentación 發酵
利用微生物（細菌、黴菌）使有機物分解的生物化學反應過程。通常發生在碳水化合物中。也有例外，如乳酸在紅酒中的發酵。

Flambear 燒酒過火
一種在菜餚上淋上酒，再於鍋中點火燃燒，將酒精的部分揮發掉的技巧，可以為菜餚提供獨特的香氣與強烈的味道。

Flavour 風味
取自英文的字，專門用來描述一道料理在各種感官上（嗅覺、味覺、觸覺）所帶來的感受。

Fondear 滑油
將食材以溫火進行初步加熱處理，但不使食材加熱至上色的作法。

Gelatina 明膠、吉利丁（魚尾）
可溶於水的蛋白質，通常作為凝結劑使用。屬於水膠的一種。

Gelificante 凝結劑
透過凝結讓食材有不同結構的添加物。屬於水膠的一種。

Glasear 焦化
用肉類原汁噴灑在食材表層，使用烤箱蒸發水分得到光亮的色澤。

Glucosa 葡萄糖
為單醣碳水化合物。可作為甜味劑。在料理界及食品工業中又被稱為「Dextrosa」。

Grasa 脂肪
有機油脂，由脂肪酸和甘油組成。

Helar 冷凍
以 4℃ 的低溫使食材凝結成固體。

Heñir 揉麵
使用雙手或拳頭揉捏麵團。

Hidratar 水合
在材料中加水。

Hidrato de carbono 碳水化合物
為器官提供能量與纖維素的大型的生物分子。

Homogeneizar 均質化
混和不同的液體使其穩定均勻地散布。

Impregnar 浸漬
將有孔的食材浸泡於液體中，使液體的味道融入食材的處理方式。

Incisión 劃刀
將肉類表層切割使其容易煮熟。

Lactosa 乳糖
乳製品中的碳水化合物。

Laminar 切片
將食材切成片狀。

Lecitina (E-322) 卵磷脂
天然的食品添加物，可作為乳化劑或抗氧化劑。

Levadura 酵母菌
在大自然中廣泛存在的一種單細胞真菌，能使食材發酵。

Levantar 煮沸
將液體煮至沸騰。

Ligar 勾芡
使液體變得濃稠。

Liofilización 凍干技術
透過真空加熱已經冷凍的食材，使食材的水蒸氣直接昇華（從固態變氣態）的技術。

Lustrar 灑糖粉
將食材撒上糖粉或光澤糖。

Maillard, reacción de. 梅納反應
某些食材的「胺基酸」與「碳水化合物」在高溫下（板煎、爐烤、炭烤、燒等等）產生的複雜化學反應，會使食材產生焦化的金黃顏色與獨特的味道。

Marcar 過油上色
在不烹煮到食材內部的前提下，先將食材表面用高溫快速上色，也可以使食材味道更豐富。上色至金黃的方式可以用煎或烤等等。

Marchar 預備
餐點製作的事前準備。

Mirepoix 蔬菜切丁
將蔬菜類切成中等大小的蔬菜丁。

Mise en place 一切就緒
在開始烹調前將所有需要的工具食材都準備好，使烹調可一氣呵成。

Mojar 加水
在料理中加入需要的液體以做成醬料或湯汁。

Moldear 入模
將食物放入模型中以得到所需的形狀。

Mondar 削皮
將蔬菜或水果皮削去。

Montar 擺盤
將食物盛盤並使其美觀。

Napar 醬漬
將食材用醬料完全覆蓋。

Nutriente 營養素
由食材中獲得，能幫助器官進行新陳代謝的物質。來自蛋白質、碳水化合物、脂肪、礦物質、維生素與水。為了維持健康，這些營養素都是不可或缺的。

Olor 氣味
揮發性粒子與氣味器官接觸時產生的感覺。

Organoléptico 五感互動
食材為感覺器官（視覺、嗅覺、觸覺、味覺與聽覺）帶來的不同感受。

Ósmosis 滲透
水透過食物細胞的半透膜從較稀的液體中流向較濃的液體中的情況。

Oxidación (Alimentaría) 氧化作用
因為食物接觸空氣而老化並失去原本的特性的狀況。原因是氧分子與其他分子的電子交換而造成結構的改變。

Oxígeno (E-948) 氧氣
空氣中含有 21% 的氧氣，它也是造成食物氧化的元素。作為添加物可以引起或控制食物的氧化程度。

Pasado 過期；過熟
指生鮮食物即將腐敗的狀態。若指熟食，則是過度烹煮使食物過熟。

Pasteurizar 巴氏滅菌法
將液體加熱到足以殺菌的最低溫度，若是持續一段時間即可殺死病原體。牛奶即是使用這種方式殺菌。

pH. 酸鹼值
在水溶液中測量食物酸度的單位。

Pochar 水波煮
低溫的烹調方式。加熱媒介可以是油或不含油脂的液體（水或醬汁），烹調溫度都不會超過100°C。

Prensar 壓縮
將食材壓縮至緊實的狀態。

Proteína 蛋白質
大型的生物分子的一種，其分子中含有氮，可幫助器官組成，也可提供營養。

Punto 完美熟度、完成時刻
調味與烹調都達到出色的食物狀態。

Quinina 奎寧
從金雞納樹（奎寧樹）中萃取出來一種很苦的生物鹼。

Rancio 腐臭味；陳年的
脂肪經過化學變化產生非常令人不舒服的臭味。

Reacción 反應
化學物質與其他物質因為相互作用起的變化。

Rebozar 裹粉
將食材裹上麵粉與蛋。

Rectificar 修正
將食材的調味或色澤調整至完美的程度。

Reducir 收汁；濃縮
以讓水分蒸發的方式來減少料理中的液體。

Reforzar 回味
加入濃縮的醬汁或是高湯使食材回復鮮味。

Refrescar 冰鎮
將食物以流動的冰水降溫以免繼續熟化。

Regenerar 二次加熱
準備或是再加熱一道已經預煮過的食物。為了避免過度加熱，二次加熱時的溫度不能超過食物第一次烹煮時的溫度。

Rehogar 小火慢煎
將食材的部分或全部使用小火及油加熱，但不使其上色。

Roux 奶油麵糊
牛油與麵粉等量混和成的麵糊。依烹調狀態呈白色、金色、深色或生麵糊。

Sabor 味道
透過鼻子及嘴巴得到的嗅覺及味覺的綜合感受，味道也使我們能夠分辨食物。

Sacarina (E-954) 糖精
由有機物質「苯」的衍生物做成的人工甜味劑。

Sacarosa 蔗糖

葡萄糖與果糖合成的碳水化合物，是大部分食物的甜味來源。

Salamandra 上火烤爐

專業廚房常使用的烤爐，熱源來自烤爐上方。可用於將食物上色、焗烤或焦糖化。若是將一般烤箱的門半開，也可當作上火烤爐使用。

Salar 抹鹽

將鹽塗抹在生的食材上。

Salmuera 鹽水

含有鹽分的水，可以賦予食物一些香氣。

Saltear 炒

使用明火及少許油快炒食物，必須注意避免沾鍋。

Sazonar 調味

使用鹽及其他調味料調整食物的味道。

Sofreír 小火慢煎

以油慢煎，見「Rehogar」。

Soluble (producto) 可溶解的

因為物理或化學特性可溶解至溶液中的物質。

Sudar 出水

抹鹽後將食材靜置（尤其是根莖類的蔬菜，例如南瓜和茄子）使其變軟並除去酸味。也可以用來表示使用油與食材本身的蒸氣烹調且不上色的料理方式。

Tamizar 過篩

使用篩子分開食物較粗的或是剩餘的部分。

Textura 結構、質地、口感

食物的一種特性，尤其以觸覺感受最為明顯（食物的濃度、黏稠度、表面張力、硬度等）。

Trabajar 攪打

攪拌或混和醬料。

Umami 鮮味、酯味

基本味道之一，原文來自日本。是一種食物在口中散發的肉味或礦物質的感受。

Volatíl 揮發物

當分子因為蒸發而成為空氣中的懸浮粒子或分解於空氣中時，即稱為揮發物。

Xantana (glue) (E-415) 玉米糖膠

纖維型的碳水化合物，有增稠與穩定的作用，屬於水膠的一種。

時間與溫度對照表

依食材種類分類的對照表

時間的數值可能會因食材本身的條件而有變化（食材的尺寸、厚度等）。

肉類 * 直接加熱	加熱溫度 ◎ 55°C		加熱溫度 ◎ 65°C	
	食材中心溫度 ♡	加熱時間 🕐	食材中心溫度 ♡	加熱時間 🕐
牛肉				
沙朗一分熟	50-55°C	18 分鐘	50-55°C	12 分鐘
沙朗三分熟	55°C	22 分鐘	55-58°C	15 分鐘
沙朗全熟			65°C	25 分鐘
肋眼牛排 / 帶骨肋眼	55°C	1 小時	62-65°C	25 分鐘
羊肉				
羊里肌	55°C	20 分鐘	65°C	15 分鐘
豬肉				
豬里肌	—	—	65°C	25 分鐘
禽鳥肉				
雞胸	—	—	65°C	30 分鐘
土雞胸	—	—	65°C	45 分鐘
乳鴿胸	—	—	62°C	30 分鐘
鴨胸	—	—	62°C	25 分鐘
閹母雞肉	—	—	65°C	35 分鐘

食材烹調前溫度：約 5°C

---

* 請注意基本上所有的肉品都會用「雙重烹調法」收尾，這會使肉類的中心溫度上升 2 ～ 4°C。

肉類	加熱溫度 ◊	
間接加熱	65℃	80℃
牛肉		
臉頰肉	48 小時	24 小時
肩胛肉	36 小時	24 小時
燒烤	22 小時	6 小時
舌頭	36 小時	24 小時
膝	36 小時	16 小時
豬肉		
肩胛肉	10 小時	3 小時
豬頸肉	24 小時	10 小時
五花肉	18 小時	10 小時
肉排	18 小時	8 小時
豬蹄	48 小時	24 小時
臉頰肉	24 小時	8 小時
豬腳中段	24 小時	10 小時
肋排	18 小時	10 小時
鼻子	36 小時	18 小時
耳朵	36 小時	18 小時
乳豬	24 小時	12 小時
中豬	36 小時	24 小時
羊肉		
里肌	18 ～ 24 小時	10 ～ 12 小時
小羊里肌	18 小時	8 小時
脖子	24 小時	12 小時
禽鳥類		
卡內束鴨腿	8 小時	3 小時
雞腿	3 小時	1.5 小時
土雞腿	10 小時	3 小時
油封鴨	24 小時	12 小時
鴨腿	20 小時	10 小時
乳鴿腿	6 小時	2 小時
雞翅	3 小時	1 小時
全隻鵪鶉	2 小時 30 分鐘	

食材烹調前溫度：約 5℃

魚類	重量尺寸	食材中心溫度 ♡	加熱溫度 ◌	時間 ◷
鮪魚	150 公克	40ºC	50ºC	15 分鐘
鮪魚肚		38ºC	50ºC	10 分鐘
大西洋鱈魚	120 公克	45ºC	50ºC	15 分鐘
鮭魚	120 公克	44ºC	50ºC	15 分鐘
整尾比目魚	300 公克	55ºC	55ºC	15 分鐘
比目魚排	120 公克	55ºC	55ºC	5 分鐘
紅鯔魚	90 公克	45ºC	55ºC	5 分鐘
劍魚	120 公克	40ºC	50ºC	15 分鐘
白腹鯖魚	90 公克	43ºC	50ºC	8 分鐘
鱸魚	150 公克	50ºC	60ºC	15 分鐘
鱈魚	150 公克	55ºC	60ºC	15 分鐘
鮟鱇魚	150 公克	55ºC	60ºC	15 分鐘
魟魚	120 公克	50ºC	55ºC	5 分鐘

海鮮	重量尺寸	食材中心溫度 ♡	加熱溫度 ◌	時間 ◷
頭足類				
章魚	4 公斤		100ºC	1 小時
			90ºC	2 小時
			80ºC	4 小時
中卷	小	55ºC	55ºC	7 分鐘
中卷	中	55ºC	55ºC	20 ～ 30 分鐘
小章魚	小	55ºC	55ºC	3 ～ 4 分鐘
烏賊	小	55ºC	55ºC	20 分鐘
軟體類				
海扇貝	中		100 ºC	30 秒～ 1 分鐘
			90 ºC	1 分鐘
蛤蜊	中		100 ºC	1.5 ～ 2 分鐘
			90 ºC	4 分鐘
			70 ºC	3 分鐘
淡菜	中		100 ºC	3 分鐘
			90 ºC	4 分鐘
小淡菜	小		90 ºC	3 分鐘
			80 ºC	4 分鐘
竹蟶（剃刀蚌）	中		65 ºC	6 ～ 7 分鐘

魚類	尺寸	加熱溫度 ◊ 85ºC	100ºC	附註
新鮮大蒜	整顆	25 分鐘	10 分鐘	單獨或透過油封
塊根芹（celeriac）	莖部	30 分鐘	9 分鐘	
甜菜	1 公分	15 分鐘	8 分鐘	
地瓜	1 公分	30 分鐘	10 分鐘	
南瓜	1 公分	15 分鐘	6 分鐘	
節瓜（zucchini）	1 公分	15 分鐘	4 分鐘	
迷你節瓜	整顆	20 分鐘	0	
刺苞菜薊	3 公分條	2 小時	40 分鐘	
朝鮮薊	心	30～45 分鐘	27 分鐘	
羽衣甘藍	葉子		12 分鐘	只能用 100ºC
羽衣甘藍	莖部	35 分鐘	20 分鐘	
花椰菜	朵	40 分鐘	12 分鐘	
菊苣	切開	30/60/180 分鐘	0	請參考 192 頁看加熱的變化
白蘆筍	中 9～11 公分	30～45 分鐘	18 分鐘	
特長蘆筍	長 11～14 公分	2 小時 30 分鐘		
綠蘆筍	中 9～11 公分	24 分鐘	8 分鐘	
菠菜	葉與莖	24 分鐘	5 分鐘	最好使用 100ºC
蠶豆	中等	20 分鐘	15 分鐘	
茴香	1 公分	50 分鐘	24 分鐘	
黑蘿蔔	1 公分	25 分鐘	14 分鐘	
大頭菜	1 公分	15 分鐘	12 分鐘	
胡蘿蔔	1 公分	45 分鐘	12 分鐘	
迷你胡蘿蔔	整根	20 分鐘	7 分鐘	
大白菜	對半切開	6 分鐘	0	
馬鈴薯片	1 公分	25 分鐘	10 分鐘	
油醃馬鈴薯片	1 公分	25 分鐘	11 分鐘	
去皮馬鈴薯	6 公分	45 分鐘	30 分鐘	
冷凍豌豆		15 分鐘	10 分鐘	
甜菜根丁	1 公分	1 小時 15 分鐘	35 分鐘	
甜菜根	大	2 小時 30 分鐘	1 小時	
婆羅門參	1.5 公分	2 小時	45 分鐘	
蘑菇	四等份	16 分鐘	7 分鐘	
歐洲防風草	1 公分	20 分鐘	8 分鐘	

水果	加熱溫度 ◊	
	85ºC	**100ºC**
櫻桃	5～7 分鐘	不可
李子	15 分鐘	不可
草莓	5～7 分鐘	不可
過熟草莓	120 分鐘	不可
綜合莓果	30 分鐘	5 分鐘
蘋果	30 分鐘	10 分鐘
過熟蘋果	120 分鐘	不可
蜜桃	60 分鐘	20 分鐘
香梨	30 分鐘	10 分鐘
鳳梨	45 分鐘	30 分鐘
香蕉	65 分鐘	20 分鐘

雞蛋	加熱溫度 *	時間
過水	100ºC	3 分鐘
溏心	100ºC	5 分鐘
全熟	100ºC	8～12 分鐘
水波蛋	90ºC	3 分鐘
低溫	65ºC	20～30 分鐘
卡士達	82ºC	20/30/40 分鐘 請參考本書第 50 頁的食譜

* 外部加熱使用溫度 ◊

穀類與豆類	加熱溫度 *	時間
燕麥	100ºC	1 小時 15 分鐘
大麥	100ºC	2 小時
藜麥	100ºC	20 分鐘
蕎麥	100ºC	25 分鐘
扁豆	100ºC	40～45 分鐘
鷹嘴豆	100ºC	3 小時 30 分鐘～4 小時
菜豆	100ºC	3 小時～3 小時 30 分鐘

* 外部加熱使用溫度 ◊

鹽水

各種食材在 10% 鹽水（100
公克的鹽對 1 公升的水）中
浸泡的時間對照

食材	浸泡時間 *
雞翅	15 分鐘
鮪魚	10 分鐘
中卷	5 分鐘
豬頰肉	1 小時
牛頰肉	2 小時
豬腳	2 小時
鵪鶉	30 分鐘
豬肋排	30 分鐘
羊脖	1 小時
鯖魚	7 分鐘
牛舌	3 小時
整尾比目魚	15 分鐘
比目魚排	5 分鐘
牛肩胛肉	2 小時
羊里肌	20 分鐘
鱸魚	15 分鐘
鱈魚	15 分鐘
豬頸肉	1 小時
卡內東鴨	2 小時
雞胸	1 小時
春雞	1 小時
羊腿	1 小時 30 分鐘
鮟鱇魚尾	20 分鐘
鮭魚	15 分鐘
沙丁魚	5 分鐘
烏賊	10 分鐘
沙朗	15 分鐘
豬里肌	20 分鐘
虹鱒魚	8 分鐘

對照不同的烹調方式

低溫烹調讓我們得以用不同的方式做出同一道料理，前提是
要注意時間與溫度的控制。因此，下列將提供一個對照表
格，每個廚師可以依照自己的需要與喜好選擇最適合的方式
做料理。在所列出的大部分項目中，都是使用真空烹調，然
後我們會告訴你該道料理可以用什麼其他的烹調技巧取代，
也就是溼式加熱、蒸煮，或乾式加熱例如使用烤箱。

溼式加熱的部分，不論是將食材浸泡在水、醬料、油或是滷
汁，都與真空烹調很類似，因此真空烹調使用的溫度與時間
也適用於溼式加熱。

如果將真空烹調或是溼式加熱改為蒸煮，設定的加熱溫度就
要比其他烹調方式來得高。例如，如果真空烹調或是將鮭魚
放在油中使用 50ºC 恆溫烹調，蒸煮時的溫度至少要設定在
恆溫 60 ～ 70ºC。

使用烤箱加熱時，因為空氣傳導熱能的效率與精準度都不如
液體來得好，要達到食材中心的理想溫度，就一定要把加
熱溫度設定的比較高。以同樣的鮭魚使用 50ºC 恆溫真空烹
調或透過油加熱為例，在烤箱中就要把溫度設定在 70ºC。
肉類如果使用真空烹調或是溼式加熱，溫度可以固定在
50ºC，或是直到 65ºC，使用烤箱時的溫度就必須調高至
120 ～ 140ºC。

低溫烹調經常透過「雙重烹調法」完成一道料理，例如使用
鐵板或碳烤，以加強食材的味道，使食材表面顏色變金黃或
是得到表層酥脆的口感。

---

* 這些時間都是假設食材尺寸為標準大小而設定的，請根據你使用食材的實際大小與料理需要做調整。

頁次	食譜	不同的烹調方式	°C	時間
46	水波蛋佐朝鮮薊			
	雞蛋			
	朝鮮薊	浸入油煮	85°C	20～30 分鐘
50	卡士達醬	隔水加熱	85°C	20/30/40 分鐘
55	優格			
58	鱈魚佐香草美乃滋			
	鱈魚	烤箱	60°C	18 分鐘
	青花菜	浸入水煮	85°C	45 分鐘
62	香烤沙朗	真空包裝與雙重烹調法	65°C	15 分鐘
69	香烤鮭魚佐蘋果泥與香草橄欖油			
		真空包裝	50°C	15 分鐘
		蒸煮（使用香料水）	70°C	15 分鐘
73	烤豬里肌			
	豬里肌肉	真空包裝與雙重烹調法	65°C	30 分鐘
	蘋果			
76	番茄沙拉佐油封沙丁魚	與油真空包裝	50°C	8 分鐘
	沙丁魚			
	番茄	浸入油煮	65°C	4 小時
81	西班牙雜菜燉肉燒賣			
	雜菜燉肉			
	燒賣			
87	蘆筍佐柑橘美乃滋	浸入水煮	85°C	45 分鐘
90	香辣油封鮪魚	浸入油煮	42°C	30 分鐘
100	薑汁醬燒清蒸虹鱒魚	真空包裝	50°C	15 分鐘
106	德國豬腳	低溫燉煮	65°C	14 小時
138	酸黃瓜沙拉	浸入酸的汁液	85°C	45 分鐘～ 1 小時
149	莓果優格果凍	浸入糖漿煮	65°C	2 小時
152	油封番茄沙丁魚派佐卡拉瑪塔黑橄欖油醋醬			

頁次	食譜	不同的烹調方式	°C	時間
154	庫斯庫斯椰棗羊脖	低溫燉煮	65°C	24 小時
		低溫燉煮	80°C	16 小時
160	辣味蔬菜雞肉墨西哥捲	浸入油煮	62°C	45 分鐘
169	炒蛋佐煙燻沙丁魚與黃瓜			
170	低溫水波蛋佐蔬菜及馬鈴薯泥			
	雞蛋			
	蔬菜	浸入水煮	85°C	
173	蘆筍煎蛋佐煙燻鮭魚、西洋菜與蘿蔔			
174	法式白醬雞胸肉佐雞油菌菇與乾果			
	法式白醬			
	雞肉	浸入油煮	65°C	30 分鐘
	雞油菌菇			
177	我們的美味布丁：巧克力 / 香草 / 胡蘿蔔			
178	低溫烹調百里香湯加有機蛋			
184	四種濃湯，四種顏色			
	花椰菜	浸入水煮	85°C	3 小時
	豌豆	浸入水煮	85°C	20 分鐘
	甜菜根	浸入水煮	85°C	1 小時 30 分鐘
	胡蘿蔔	浸入水煮	85°C	3 小時
188	火腿朝鮮薊			
	朝鮮薊			
	朝鮮薊泥			
191	低溫烹調高湯	低溫烹調	85°C	3 小時
192	菊苣佐法式麥年醬	烤箱	90°C	1 小時
195	綜合蔬菜與西班牙冷湯沾醬	浸入水煮	85°C	36 小時
196	油封綜合菇	浸入油煮	85°C	30 分鐘
199	婆羅門參佐藍紋起司、焦糖堅果與青蘋果	浸入水煮	85°C	2 小時

頁次	食譜	不同的烹調方式	°C	時間
200	甜菜根優格			
202	四季蔬菜			
	春	浸入水煮	85°C	—
	夏	浸入水煮	85°C	—
	秋	浸入水煮	85°C	—
	冬	浸入水煮	85°C	—
212	花椰菜佐義式大麥白醬			
	花椰菜	浸入水煮	85°C	17 分鐘
	大麥	浸入水煮	100°C	2 小時
215	蔬菜蕎麥味噌湯	浸入水煮	100°C	25 分鐘
216	中東豆泥與蔬菜棒沙拉	浸入水煮	100°C	3 小時 30 分鐘～ 4 小時
219	蔬菜豆腐藜麥			
220	油封中卷扁豆沙拉與真空浸漬大蔥			
	扁豆			
	中卷	與油真空包裝	55°C	20 分鐘
224	紅甜椒原汁鱈魚			
	大西洋鱈魚	烤箱	70°C	15 分鐘
		蒸煮	70°C	15 分鐘
	甜椒			
227	法式麥年醬比目魚	烤箱（上色與收尾）	70°C	15 分鐘
228	黑腸燉飯佐沙丁魚			
231	烤鮟鱇魚佐橄欖與番茄	真空包裝與雙重烹調法	60°C	20 分鐘
232	泰式紅咖哩椰奶鬼頭刀	真空包裝	50°C	4 分鐘
234	番茄烤鱸魚佐黑橄欖美乃滋	真空包裝與雙重烹調法	60°C	15 分鐘
237	Pil Pil 醬汁香蒜鱈魚佐醋漬辣椒與萊姆		60°C	20 分鐘
	鱈魚	真空包裝	60°C	20 分鐘
	Pil Pil 蒜味醬汁			

頁次	食譜	不同的烹調方式	°C	時間
239	滷蔬菜與油封鯖魚			
	蔬菜	浸入水煮	85ºC	1 小時
	鯖魚	真空包裝	50ºC	12 分鐘
244	法式美乃滋洋蔥小卷	與油真空包裝	55ºC	20 ～ 30 分鐘
247	香檸淡菜			
248	清蒸蝦佐海藻			
251	烏賊佐豌豆泥			
	烏賊	真空包裝（與油）	55ºC	30 ～ 40 分鐘
	豌豆			
252	竹蟶佐三色醬料			
254	青醬蛤蜊	浸入醬煮	90ºC	3 分鐘
261	蜜桃豬頰肉			
	豬頰肉	低溫燉煮	65ºC	24 小時
			80ºC	12 小時
	蜜桃	用糖漿溼式加熱	85ºC	45 分鐘
262	鵪鶉佐獵人醬			
	鵪鶉	低溫燉煮	65ºC	2 小時 30 分鐘
	紅蔥頭	浸入油煮	85ºC	30 分鐘
265	雞翅佐海鮮醬	浸入油煮	65ºC	3 小時
266	烤春雞（烤箱／真空烹調）			
	蔬菜	浸入油煮	85ºC	1 小時
	春雞	低溫燉煮	65ºC	2 小時 30 分鐘
269	法式橙汁卡內東鴨	低溫燉煮	65ºC	12 小時
270	雞胸肉佐杏桃泥與橄欖醬			
	雞胸肉	浸入油煮	65ºC	30 分鐘
	杏桃	浸入糖漿煮	85ºC	20 分鐘
273	伊比利豬頸肉佐大白菜			
	豬頸肉	浸入油煮	65ºC	24 小時
	大白菜			

頁次	食譜	不同的烹調方式	°C	時間
274	迷迭香麵包佐牛肉與芥末蔬菜塔塔醬			
	牛肉	低溫燉煮	65°C	48 小時
277	甘草羊里肌			
278	麥卡倫威士忌沙朗			
281	醬燒蜜汁豬肋排佐綜合堅果	浸入油煮	65°C	18 小時
282	開心果青醬兔肉			
	兔肉	浸入清湯煮	65°C	1 小時 30 分鐘
	迷你胡蘿蔔	浸入水煮	85°C	20 分鐘
285	嫩牛舌佐醃漬油醋	低溫燉煮	65°C	36 小時
286	羊腿（兩種不同溫度的示範）			
	羊腿	低溫燉煮	65°C	24 小時
		低溫燉煮	85°C	18 小時
	蔬菜			
288	野菇牛肉			
	牛肉	低溫燉煮	65°C	36 小時
	野菇			
290	牛頰肉綜合菇派	低溫燉煮	65°C	48 小時
297	櫻桃三吃	用糖漿溼式加熱	85°C	5～7 分鐘
298	莓果檸檬奶霜			
301	馬其頓水果沙拉驚喜			
302	梅爾芭蜜桃	浸入糖漿煮	85°C	45 分鐘
	蜜桃			
	莓果			
305	香梨盅	真空包裝	85°C	30 分鐘
306	火焰香蕉			

基本食譜

接下來是許多料理的基本配菜或是基底、佐料的食譜。這些配料可以讓你的料理更有特色並且與眾不同，對於一道料理的完美與完整性來說，經常是不可或缺的。在這裡你將會找到油、醬料、蔬菜丁、油醋與其他的料理。

辣椒油

- 乾辣椒 3 根
- 特級初榨橄欖油 100 公克

① 將橄欖油與乾辣椒放入鍋子中，以 65ºC 恆溫加熱 3 小時。

② 冷卻，保存備用。

燉綜合蔬菜（專門用來做燉菜、湯底等）

- 洋蔥 1 公斤
- 胡蘿蔔 200 公克
- 韭蔥 200 公克
- 特級初榨橄欖油 100 公克

① 將所有的蔬菜切成大塊後，與油一起放入鍋中，以小火煮 3 ～ 4 小時。直到幾乎呈果醬狀即可。

海鮮高湯（含挪威龍蝦、蝦、螯龍蝦）

- 海鮮的頭與骨 / 螯 / 鉗 1 公斤
- 特級初榨橄欖油 50 公克
- 燉綜合蔬菜 100 克
- 水 2 公升
- 糖 2 公克

① 將海鮮的頭與骨 / 螯 / 鉗先用橄欖油炒至金黃，再與燉蔬菜一起放入鍋中。用水將所有的料蓋過後煮至沸騰。將浮沫撈去，加入糖，使用非常小的火繼續加熱 1 小時，即可保存備用。

附註

如果想要比較濃的高湯，可以在收汁後重新用小火加熱 30 ～ 60 分鐘，直到達到你想要的濃稠度為止。

雞骨高湯（未經濃縮）

- 雞骨 500 公克
- 雞腿 1 根或雞翅 500 公克
- 洋蔥 1 顆
- 胡蘿蔔 1 根
- 韭蔥 1 根
- 芹菜 1 根
- 大頭菜 1 顆
- 節瓜（zucchini）1 個
- 水 4 公升

① 將蔬菜清洗乾淨，另外也將雞骨、肉清洗乾淨。切成大塊。

② 將所有材料放入鍋中，加入冷水開始煮。要持續撈浮沫並使用小火煮 3 小時。

③ 將湯汁過濾，冷卻後備用。

④ 如果要加鹽調味，在將湯汁過濾出來後，每公升湯汁可以加 7 公克的鹽。

附註
如果想要濃縮的高湯，可以再
加熱至最多 3 小時。

濃縮雞骨高湯（雞肉、閹母雞、鴨、乳鴿等）

- 雞骨 1 公斤
- 燉綜合蔬菜 100 公克
- 水 4 公升

① 將雞骨放在烤盤上，放入烤箱以 180℃ 烤 40 分鐘至金黃。待加熱時間完成後，把雞骨放入鍋中。再用水將烤雞骨時黏在烤盤的精華洗出。

② 將洗烤盤底收出的汁液加入鍋中，與雞骨、燉蔬菜和水一起煮，沸騰 3 小時後將湯汁過濾。

附註
如果想要更濃的高湯，可以再
加熱至最多 3 小時。

蔬菜高湯

- 洋蔥 1 顆
- 胡蘿蔔 1 根
- 韭蔥 1 根
- 芹菜 1 根
- 大頭菜 1 顆
- 節瓜（zucchini）1 根
- 水 2 公升

① 將所有蔬菜洗淨，切成大塊。

② 將蔬菜加入冷水中開始煮。持續撈去浮渣，以小火煮 1 小時。

③ 將湯汁過濾，冷卻備用。

④ 如果要加鹽調味，在將湯汁過濾出來後，每公升湯汁可以加 7 公克的鹽。

油煮洋蔥

- 洋蔥 1 公斤（切成絲）
- 特級初榨橄欖油 50 公克

① 在鍋中加熱橄欖油，加入洋蔥，使用小火加熱 4 小時。冷卻後備用。

香草膠（洋香菜、薄荷、茴香、其他）

- 洋香菜 50 公克
- 煮菜用水 150 公克
- 玉米糖膠 0.5 公克

① 使用滾水與鹽煮洋香菜（只取葉子的部分），過濾後將洋香菜放入冷水中冷卻，再重新過濾一次。將洋香菜磨碎，加入玉米糖膠與 150 公克已經冷卻的煮洋香菜時用的水。

一比一糖漿

- 水 1 公升
- 糖 1 公斤

① 將兩個材料放入鍋中煮至滾，沸騰 1 分鐘後即可冷卻備用。

肉醬或濃縮肉原汁（牛、鴨、豬、羊等）

- 想做哪種肉醬，就使用該肉品的骨頭 1 公斤（牛：骨頭與神經；禽鳥類：骨架與肉雜；豬：骨頭與豬雜）
- 燉綜合蔬菜 160 公克
- 水 6 公升
- 鹽

① 將肉骨放入烤盤，以 180°C 烤至呈金黃色。烤完後，濾掉多餘的油脂，與燉蔬菜一起放入鍋中。將黏在烤盤的殘渣用水洗出加入鍋中。使用冷水蓋過所有的材料後用小火加熱 4 小時。

附註

要得到濃縮的高湯，第一次烹調得到的湯汁必須用小火收汁 2 小時。收汁過程中必須不斷的撈浮渣與撈去油脂。

榛果奶油

- 牛油 250 公克

① 將奶油放在平底鍋中，開中小火；當蛋白質與油脂分離時，把牛油堆積在表層固態的部分去掉，持續加熱液體的部分直至顏色變得金黃帶有焦色後離火。將燒至金黃的牛油用細棉布篩（耐熱彈性篩）過濾後即可保存備用。

馬鈴薯泥

- 德國蒙娜麗莎（Mona Lisa）馬鈴薯 500 公克
- 牛油 70 公克
- 特級初榨橄欖油 30 公克
- 鹽 6 公克

① 將馬鈴薯削皮洗淨後切成塊狀，與牛油、鹽和橄欖油一起放入調理袋中。將調理袋做真空處理後使用恆溫水槽以 85°C 加熱 4 小時。之後將調理袋取出，把馬鈴薯磨成泥後備用。

濃縮柳橙醬

- 已濾掉渣的柳橙汁 375 公克
- 液體葡萄糖 5 公克

① 將所有材料混和，使用非常小的火使柳橙汁混和物慢慢收汁直到得到總重約 90 公克的柳橙醬即可。

炒蔬菜 *

- 軟洋蔥 100 公克
- 芹菜 100 公克
- 韭蔥 100 公克
- 胡蘿蔔 100 公克
- 混和橄欖油 60 公克（如果要當作淋醬使用則多加 100 公克）
- 鹽與胡椒

① 將所有蔬菜削皮洗淨，切成小丁（不超過 0.5 公分）。

② 將所有的蔬菜放在平底鍋中，使用小火煮 10 分鐘。冷卻備用。

③ 若是要將炒蔬菜當成淋醬使用，需加入較多的油，並使用鹽與胡椒調味。

---

* 這道炒蔬菜也可以用做其他料理的基底，代替其他的炒料理，使菜餚更增添顏色與風味，或是當作料理的淋醬使用。

索引

食譜頁次

基本食譜

名詞字彙索引

感謝

這本書無疑的是多年來對於真空烹調以及低溫烹調的研究越來越深入，才成就出來的果實。這是一個如此浩大的工程，如果沒有大量人力的合作與努力，本書的出版是不可能在二〇一六年（編按：在西班牙出版的時間）成為現實的，並成為「羅酷」這個由不同元素架構，專門用於認識與實作低溫烹調的設備及計畫的第一片拼圖。

在這幾頁中，我們希望向所有曾經透過辛勞地工作、努力、通力合作與熱情奉獻，而使這個計畫得以實現的人們表達最誠摯的感謝。

在廚房中，我們擁有由納秋（Nacho）與赫爾南（Hernán）兩位老闆率領的優秀的廚房團隊的合作與智慧，因為他們的激勵使我們不斷的改進與修正我們的提案。

也要感謝邱伊（Choi）有趣的哲學貢獻，與伯納德（Bernat）對於工作的認真與投入，感謝歐米（Omi）甜蜜的貢獻與卡蜜拉（Camila）與艾力克斯（Álex）如此大量的又重要的後勤準備，感謝查理（Charly）、法蘭西斯卡（Francesca）、艾內可（Eneko）、羅辛尤爾（Rossinyol）以及所有廚房的團隊，在此還特別需要感謝充滿爆發性的創意的大師，荷爾帝（Jordi 4.95）的參與。

我們也非常高興有荷西（Josep）的支持──感謝你不斷的要求與指教，它們總是非常的鼓舞人心──也感謝所有一路上慷慨地提供我們想法與知識的人，比如勞爾‧瓜德拉斯（Raül Cuadras）或米雷雅‧法布雷加（Mireia Fàbrega）。

同時我們還要感謝所有康羅卡酒窖團隊的每個人在這個計畫中提供的各種幫助，另外還要特別提到兩個人，他們都不在廚房工作，卻與這個計畫最貼近，也因為這個計畫歡笑與辛苦：荷羅伊絲‧維拉斯卡（Héloïse Vilaseca）在本書的封底與許多頁次貢獻了她的科學知識與嚴謹性；荷瑪‧巴賽羅（Gemma Barceló），她是羅酷計畫，同時也是本書的關鍵人物，她已經成為低溫烹調的專家，任何時刻都能完成許多要求，並提供她的專業，而且最重要的是她有最美好、最討人喜歡的個性。

當然，我們也要感謝行星出版社由大衛‧費格拉斯（David Figueras）與哈維‧莫雷諾（Javi Moreno）所領軍的編輯團隊，以及本書的美術設計胡麗雅‧楓特（Júlia Font）充滿耐心不斷的訂正與修改並成功的解決問題。還要感謝艾嘉達‧奧莉維亞（Àgata Olivella）的智慧，她能夠將一群廚師許多的想法具體化，再書寫成有條理又好閱讀的文字；我們誠摯的佩服她的工作。當然還要提到璜‧布約爾‧克雷伍思（Joan Pujol Creus），他絕對是當代

最棒的美食攝影師之一。

同時我們也要謝謝樂葵餐廚與卡達家電,在技術部分給我們的支援,提供了本書許多章節中需要的材料與知識。

特別感謝艾莉西亞基金會的團隊以及艾蓮娜(Elena)、歐嘉(Olga)、馬克(Marc)與豪姆(Jaume),總是專注地投入在本書的各部分中,做研究與驗證的工作。還要特別感謝貝兒嘉(Berga)的丈夫東尼‧馬賽尼斯(Toni Massanès),我們分享的不只是工作,他還不斷努力地確保一切都是在最好的狀態下進行。

親愛的家人,我們愛你們,你們是永遠在背後支持的那一群人,如果沒有你們,這本書肯定只會是個幻想。

我們誠懇,謙卑地在此感謝大家。

西班牙廚神
瑤・洛卡的低溫烹調聖經
全球最佳餐廳的低溫烹調、舒肥料理技法全公開

COCINA CON
JOAN ROCA
A BAJA TEMPERATURA

國家圖書館出版品預行編目（CIP）資料

西班牙廚神瑤.洛卡的低溫烹調聖經：全球最佳餐廳的
低溫烹調、舒肥料理技法全公開 / 瑤 洛卡Joan Roca
作；鍾慧潔譯. -- 初版. -- 臺北市：麥浩斯出版：家庭傳
媒城邦分公司發行, 2018.01
　　面；　公分
　　譯自：Cocina con Joan Roca a Baja Temperatura
　　ISBN 978-986-408-349-7(平裝)

1.烹飪 2.食譜

427　　　　　　　　　　　　　　　106024011

作者	瑤·洛卡Joan Roca
譯者	鍾慧潔
審訂	陳小雀
責任編輯	黃阡卉
美術設計	郭家振
內頁編排	張靜怡
行銷企劃	蔡函潔

發行人	何飛鵬
事業群總經理	李淑霞
副社長	林佳育
副主編	葉承享

出版	城邦文化事業股份有限公司　麥浩斯出版
E-mail	cs@myhomelife.com.tw
地址	104台北市中山區民生東路二段141號6樓
電話	02-2500-7578

發行	英屬蓋曼群島商家庭傳媒股份有限公司城邦分公司
地址	104台北市中山區民生東路二段141號6樓
讀者服務專線	0800-020-299（09:30～12:00; 13:30～17:00）
讀者服務傳真	02-2517-0999
讀者服務信箱	Email: csc@cite.com.tw
劃撥帳號	1983-3516
劃撥戶名	英屬蓋曼群島商家庭傳媒股份有限公司城邦分公司

香港發行	城邦（香港）出版集團有限公司
地址	香港灣仔駱克道193號東超商業中心1樓
電話	852-2508-6231
傳真	852-2578-9337

馬新發行	城邦（馬新）出版集團Cite（M）Sdn. Bhd.
地址	41, Jalan Radin Anum, Bandar Baru Sri Petaling, 57000 Kuala Lumpur, Malaysia.
電話	603-90578822
傳真	603-90576622

總經銷	聯合發行股份有限公司
電話	02-29178022
傳真	02-29156275

製版印刷	凱林彩印股份有限公司
定價	新台幣699元／港幣233元
	2023年5月初版11刷 · Printed In Taiwan
ISBN	978-986-408-349-7